结构稳定理论

张其林 罗晓群 著

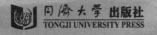
同济大学出版社
TONGJI UNIVERSITY PRESS

内 容 提 要

本教材是作者团队近十年在为同济大学结构工程专业研究生讲授"结构稳定理论"和"高等钢结构与组合结构理论"这两门课程的讲义基础上编辑、整理和进一步思考后编撰而成,内容主要包括稳定问题的基本概念、结构稳定问题的数值分析和判定准则、后屈曲阶段的初始缺陷敏感性和相互作用、基本构件的稳定问题、框架结构的稳定、拱和空间结构的稳定以及稳定设计工程案例等内容。各章节在强调稳定基本概念和基本理论的基础上,强调规范中公式和方法的采用,以及规范方法、基本理论和概念的衔接。

本教材适合结构工程等专业高年级本科生和研究生教学使用。

图书在版编目(CIP)数据

结构稳定理论 / 张其林,罗晓群著. -- 上海:同济大学出版社,2025.1. -- ISBN 978-7-5765-1414-8

Ⅰ. TU311.2

中国国家版本馆 CIP 数据核字第 2025QL8355 号

结构稳定理论

张其林　罗晓群　著

责任编辑	宋　立	**助理编辑**	陈妮莉	**责任校对**	徐逢乔	**封面设计**　于思源

出版发行	同济大学出版社　www.tongjipress.com.cn	
	(地址:上海市四平路1239号　邮编:200092　电话:021-65985622)	
经　销	全国各地新华书店	
印　刷	苏州市古得堡数码印刷有限公司	
开　本	787 mm×1092 mm　1/16	
印　张	6	
字　数	131 000	
版　次	2025 年 1 月第 1 版	
印　次	2025 年 1 月第 1 次印刷	
书　号	ISBN 978-7-5765-1414-8	

定　价	56.00 元

前　言

早在 1744 年,欧拉便推导出了弹性直杆的临界荷载公式;1889 年,F.恩盖塞给出塑性稳定的理论解;1891 年,G.H.布赖恩进行了简支矩形板单向均匀受压的稳定分析,这些成果构成了稳定理论的初步基础[1]。进入 20 世纪后,稳定理论取得了进一步的发展,例如,符拉索夫提出了薄壁杆件空间稳定理论,冯·卡门提出了板壳结构非线性稳定理论等,这一阶段的研究方法主要是理论研究,研究对象主要是基本构件的弹性屈曲临界力,研究成果主要是简单系统的弹性变形控制平衡方程、屈曲临界力解析解和近似解及相关准则等[2-3]。自 20 世纪 40 年代以来,北美、欧洲、日本等地相继成立了结构稳定问题的国际性研究机构,针对结构稳定问题进行了大量的理论与实验研究,并对结构设计方法不断加以改进,这一阶段的研究成果主要是受压柱的柱子曲线、压弯构件和受压板件的弹塑性极限承载力设计公式等[4-7]。自 20 世纪 70 年代以来,随着有限单元方法的出现和计算机软硬件技术的发展,功能强大的有限单元法结构分析软件已逐渐成为结构稳定分析的主要方法和工具,并逐渐替代了理论分析和实验研究这两大传统方法。

结构分析和设计方法及工具的发展,使很多人误以为有限单元软件无所不能,只要会使用软件就能完成稳定计算与设计,这使得结构工程学科的学生和工程技术人员越来越疏于结构稳定理论和有限单元理论的学习和掌握,而越来越满足于软件本身使用能力的提升。而事实上,如果不能深刻理解和正确掌握相关基础理论知识,极有可能导致结构计算模型错误、结构计算分析错误,最终导致结构稳定设计的错误。

本教材的教学内容是针对上述现状和问题进行安排的,共分为两部分。

第一部分内容可以作为研究生课程"结构稳定理论"的教学内容,其中第 1 章、第 3 章至第 5 章较系统地介绍结构稳定的概念、类型、屈曲临界力及相关准则、屈曲模式的相互作用等基本理论知识,并给出若干简单模型的临界力、平衡路径等早期稳定理论的研究成果;第 2 章、第 6 章及第 7 章介绍结构稳定问题的数值计算方法、考虑横截面剪切变形的梁单元理论、考虑扭转的薄壁构件梁单元理论等。习题都是针对简单结构模型建立有限单元计算模型、采用软件进行数值计算,并对比分析软件计算结果与早期稳定理论研究成果,旨在提高学生学习结构稳定理论基本知识的兴趣,培养学生掌握正确采用有限单元软件进行结构稳定分析的能力。

第二部分内容可以作为研究生课程"高等钢结构与组合结构理论"中结构稳定模块的教学内容,第 8 章介绍框架结构的稳定,主要讲解计算长度的概念、定义和适用性,解释现行国家标准中关于框架结构稳定设计的方法和公式；第9章讲解拱结构的失稳特性，以及临界力和极限承载力数值分析中可能出现的情况、问题和原因，解释现行行业标准中关于空间网格结构稳定的设计规定；第10章通过3个不同类型的实际工程案例，进一步说明实际工程稳定分析和设计中可能遇到的问题和解决问题的方法。

本书出版得到了同济大学研究生教材建设项目资助。

由于作者水平有限，书中难免存在不足之处，敬请读者批评指正。

张其林

2024 年 12 月

目　录

第1章 结构稳定理论的若干基本概念

1.1 结构的平衡和稳定

当结构所受外力和内力作用之和为零时,结构处于平衡状态。根据牛顿第二定律,平衡状态时,结构处于静止或匀速运动状态。

图1.1(a)—图1.1(c)分别为位于上凹面、平面和下凹面上的重力为 W 的小球,三种情况下小球受重力 W 和作用点反力 R 的作用,且 $W=R$,小球处于平衡状态。

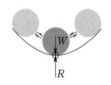 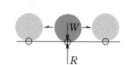 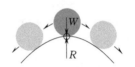

(a)稳定平衡$W=R$ (b)临界或中性平衡$W=R$ (c)不稳定平衡$W=R$

图1.1 小球的三种平衡状态

在图1.1(a)中,当小球受到非竖向微小干扰时,会偏离原先的平衡状态,当干扰被撤除后,小球最终仍然会回到原先的平衡状态,这类平衡称为稳定平衡。在图1.1(b)中,小球在任意非竖向微小干扰下偏离原先平衡状态,但在新的位置仍然保持平衡,这类平衡称为临界平衡或中性平衡。在图1.1(c)中,小球在任意非竖向微小干扰下会失去原先的平衡状态,这类平衡称为不稳定平衡。

综上所述,稳定是关于平衡性质的定义。所谓"结构是稳定的或不稳定的"是指"结构当前的平衡状态是稳定的或不稳定的"。

从图1.1还可以直接得到如下的结构稳定性的定义:

(1)稳定的平衡状态:施加微小干扰,结构偏离当前状态,但最终能回复到原先的平衡状态。

(2)临界或中性平衡状态:施加微小干扰,结构改变到新的状态并保持平衡。

(3)不稳定的平衡状态:施加微小干扰,结构失去当前的平衡状态。

1.2　结构稳定问题的能量准则

结构稳定问题的能量准则适用于保守系统。保守系统是指体系变位后，力系做的功仅与始、末位置有关，与中间过程无关，即力是保守的。

结构处于平衡状态时，根据虚功原理，在给定微小的可能位移（虚位移）时内外力系所做的总功为零：

$$\delta W_e + \delta W_i = 0 \tag{1.1}$$

式中　δW_e——虚位移下外力所做的功，等于外荷载势能增量 δV 的负值，即 $\delta W_e = -\delta V$；

　　　δW_i——虚位移下内力所做的功，等于体系弹性势能增量 δU 的负值，即 $\delta W_i = -\delta U$。

式（1.1）中所示平衡条件可写为：

$$\delta \Pi = \delta(V + U) = 0 \tag{1.2}$$

式中，Π 为体系的总势能，可由式（1.3）计算：

$$\Pi = V + U = U - W_e \tag{1.3}$$

能量准则的总势能驻值原理：平衡状态时结构体系总势能的一阶变分为零，总势能为驻值，见式（1.2）。

能量准则的总势能最小原理：当总势能为最小时，结构平衡状态是稳定的，即结构总势能的二阶变分 $\delta^2 \Pi > 0$，总势能最小原理可表示为式（1.4）。

$$\begin{cases} \delta^2 \Pi > 0, & \text{稳定的平衡状态} \\ \delta^2 \Pi = 0, & \text{临界或中性的平衡状态} \\ \delta^2 \Pi < 0, & \text{不稳定的平衡状态} \end{cases} \tag{1.4}$$

图 1.1 中上凹面、平面、下凹面 3 个面边界上的小球，其总势能方程曲线分别为 3 个面边界曲线，根据能量准则很容易得到这 3 种情况下小球的平衡点及其稳定性，如图 1.2 所示。

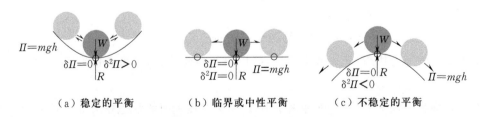

（a）稳定的平衡　　　（b）临界或中性平衡　　　（c）不稳定的平衡

图 1.2　能量原理应用于小球的平衡和稳定

刚性杆件转动的分支型失稳模型如图 1.3 所示。刚性构件长度为 l，上端作用竖向荷载 P、下端位移固定并连接转动弹簧刚度 C，可以进一步说明能量准则的应用。

杆件失稳后产生转角 ϕ,其弹性势能、外荷载势能和体系总势能分别如式(1.5)、式(1.6)和式(1.7)所示:

$$U=\frac{1}{2}C\phi^2 \qquad (1.5)$$

$$V=-Pl(1-\cos\phi) \qquad (1.6)$$

$$\Pi=-Pl(1-\cos\phi)+\frac{1}{2}C\phi^2 \qquad (1.7)$$

引入参数 $\lambda=\dfrac{Pl}{C}$,对式(1.7)进行一次和二次变分,分别如式(1.8)和式(1.9)所示:

$$\delta\Pi=(-Pl\sin\phi+C\phi)\delta\phi=C(\phi-\lambda\sin\phi)\delta\phi \qquad (1.8)$$

$$\delta^2\Pi=(-Pl\cos\phi+C)\delta^2\phi=C(1-\lambda\cos\phi)\delta^2\phi \qquad (1.9)$$

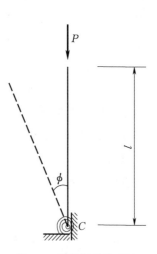

图 1.3　刚性杆件转动的分支型失稳模型

根据能量准则,杆件模型的平衡方程和稳定临界面方程分别如式(1.10)和式(1.11)所示:

$$\lambda=\frac{\phi}{\sin\phi} \qquad (1.10)$$

$$1-\lambda\cos\phi=0 \qquad (1.11)$$

根据式(1.10)绘制出刚性杆模型的平衡路径以及根据式(1.7)绘制模型的总势能-虚位移关系曲线如图 1.4 所示。

观察图 1.4(b)中对应于荷载 $\lambda=1.2$ 的($\Pi/C-\phi$)曲线,根据总势能驻值原理存在 3 个

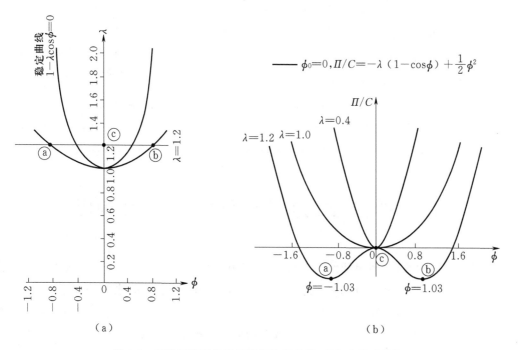

（a）　　　　　　　　　　　　　　　　（b）

图 1.4　刚性杆模型的平衡路径和总势能-虚位移关系曲线

$\delta \Pi = 0$ 的点ⓐ、ⓑ、ⓒ，说明 $\lambda = 1.2$ 时杆件存在 3 个平衡状态，分别对应于 $\phi = -1.03$、$\phi = 0$、$\phi = 1.03$。从图 1.4(a)中的($\lambda - \phi$)平衡路径也可见，当 $\lambda = 1.2$ 时，平衡路径上存在 3 个平衡点ⓐ、ⓑ、ⓒ。

结合图 1.4(b)可以进一步理解结构稳定的总势能最小原理。当给定处于平衡状态的结构体系任一微小虚位移时，结构的总势能增量大于 0 时（即内力势能增量大于外力所做功的增量），结构的平衡状态是稳定的，反之是不稳定的。由图 1.4 可知，当 $\lambda < 1.0$ 时，图 1.3 中杆件自竖直位置产生向左或向右的微小转角 ϕ 时，总势能增量均大于 0，从而使杆件能回复到竖直位置的平衡状态。

1.3　后屈曲性能和初始后屈曲性能

结构临界点或分支点附近的平衡状态性能称为结构的初始后屈曲性能，结构在临界点或分支点后的平衡路径性能称为后屈曲性能，如图 1.5 所示。

屈曲后具有后继承载能力，即后屈曲阶段荷载可以继续增加的结构，其后屈曲性能是稳定的；屈曲后荷载维持不变而位移继续增加的结构，其后屈曲性能是中性的；屈曲后荷载必须降低、位移增加而继续维持平衡的结构，其后屈曲性能是不稳定的。对于工程结构而言，只关心临界点或分支点附近的平衡路径，更大的屈曲后的变形和平衡路径是没有意义的。在后屈曲平衡路径方程中，忽略位移非线性的高阶项，仅保留最低阶项，可以较容易地分析得到结构的初始后屈曲性能。

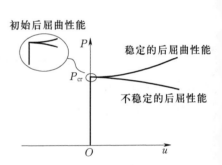

图 1.5　结构的初始后屈曲性能
和后屈曲性能

结构的稳定性能优劣取决于两个方面：①临界点屈曲荷载或极限承载力的大小；②后屈曲性能。只有同时具有较高稳定承载力和稳定的后屈曲性能的结构才是具有良好稳定性能的结构。某种意义上，稳定的后屈曲性能比较高的稳定承载力对于工程结构更为重要。

1.4　屈曲临界力、极限承载力与强度破坏

考虑无缺陷的欧拉"理想杆件"，在轴心力 P 作用下，荷载起始增加时杆件弯曲挠度为零，当荷载达到某临界值 P_{cr} 时，杆件向左侧或右侧发生弯曲挠度 u，若杆身附有约束支撑，则荷载可继续增加而杆件挠度保持为零。从图 1.6(a)可见，在荷载 P_{cr} 处，杆件的荷载-位移平衡路径($P-u$)发生了 3 个"分支"。P_{cr} 称为杆件的屈曲临界力或分支临界力。"理想杆件"的后屈曲平衡路径($u \neq 0$ 时)是中性的。

实际工程中,不存在所谓的"理想杆件"。图 1.6(b)所示为承受轴心压力作用的具有初始挠度缺陷的"实际杆件",杆件弯曲挠度随荷载的增大而增加,当荷载达到其极限值 P_u 时,杆件挠度会急剧增大,这时必须降低荷载值才能维持杆件的平衡。平衡路径($P - u$)经历了上升段、达到 P_u 的极限状态和超过 P_u 后的下降段,P_u 称为"实际杆件"的极限承载力,"实际杆件"的后屈曲性能是不稳定的。

"理想杆件"达到 P_{cr} 时,发生临界失稳:在微小干扰下荷载不变、位移增加,偏离原先平衡状态而随遇平衡。"实际杆件"达到 P_u 时也发生了"失稳",因为其符合总势能最小原理关于"失稳"的定义:在微小干扰下,外荷载所做功的增量大于体系的内力势能增量,荷载必须下降才能维持平衡。

图 1.6(c)所示为受集中荷载 P 作用的简支钢梁或混凝土梁,在荷载达到 P_{max} 时,位移增加、荷载下降才能维持平衡,但因为这是梁在 P_{max} 作用下最大受拉或受压应力区材料发生屈服或破坏导致有效抵抗截面减小而引起的,所以不是失稳问题,而是强度问题。

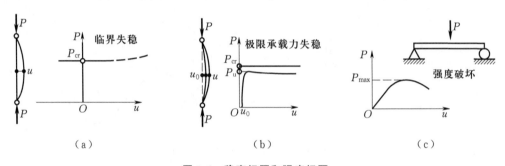

（a）　　　　　　　　　　　（b）　　　　　　　　　　　（c）

图 1.6　稳定问题和强度问题

1.5　结构稳定问题的类型

工程结构的稳定问题一般可划分为五类,其中第 1.4 节图 1.6(a)和图 1.6(b)中的临界失稳和极限承载力失稳分别为第一类和第二类稳定问题。

第三类稳定问题是指具有屈曲后继强度的稳定问题,其典型模型是在对边中面均布力 P 作用下的理想或实际四边简支板,如图 1.7 所示。无初始缺陷时为分支型失稳,有缺陷时为极限承载力型失稳。当荷载 P 达到其屈曲荷载 P_{cu} 或极限荷载 P_u 时,板件失稳并产生较大弯曲变形,但板件具有显著的后继承载力,板件弯曲变形随荷载的继续增大而增加。

第四类稳定问题是跳跃型失稳,其典型模型是矢高为 H 的三点铰接的二杆件拱,杆件弯曲刚度无穷大且仅可轴向变形,如图 1.8 所示。在拱顶端节点竖向荷载 P 作用下,节点发生向下位移 u。当位移值 u 达到矢高 H 时,二杆件处于水平位置,这时杆件内压力在水平向平衡而荷载 $P = 0$,所以拱在位移 u 从 0 至 H 的变形过程中,荷载经历了从 0 至极限承载

力 P_u 的上升段和从 P_u 至 0 的下降段。随着拱顶端节点向下位移 u 的增大,二杆件受压,轴力合力向下,这时荷载 P 必须向上(负值)才能与内力维持平衡。而当位移 u 继续增大至 $2H$ 时,杆件恢复原长,轴力和荷载均为 0,所以在位移 u 自 H 至 $2H$ 的过程中,荷载 P 也经历了自 0 至最大负值 $-P_u$ 再至 0 的变化过程。这时,继续增大荷载 P,拱节点位移 u 将随 P 的增大而继续增加。

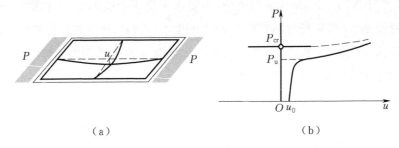

（a）　　　　　　　　　　（b）

图 1.7　具有屈曲后继强度的四边简支板——第三类稳定问题

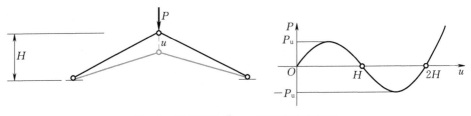

图 1.8　跳跃型失稳——第四类稳定问题

第五类稳定问题是缺陷敏感型失稳,其典型模型是如图 1.9 所示的承受轴向均布荷载 P 的薄壁筒体。数值方法出现以前,众多力学学者进行了这类稳定问题的理论和实验研究。但即使是同尺寸模型、同等加载条件下,实验所得屈曲荷载的结果也具有较大的离散性。直到芬兰力学家和工程师 W.T.Koiter 的相关论文于 20 世纪 60 年代后期被翻译成英文,这一现象才得到合理解释。根据 Koiter 理论,薄壁筒体的缺陷对其稳定极限承载力非常敏感,微小的缺陷差别会导致较大的稳定承载力变化。

钢结构基本构件中,轴心受压构件失稳、压弯构件和受弯构件的平面外弯扭失稳属于第一类和第二类稳定问题,压弯构件的平面内弯曲极限承载力属于第二类稳定问题,受压 H 形和箱形截面中的腹板稳定属于第三类稳定问题。钢结构基本构件中,构件和板件的稳定均不属于第五类稳定问题,缺陷对其稳定承载力有影响但不敏感。

钢框架结构的稳定一般属于第一类或第二类稳定问题,钢拱和单层钢网格结构的稳定一般属于第四类稳定问题。必须特别注意的是,属于第五类稳

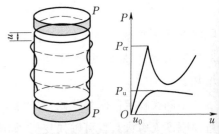

**图 1.9　缺陷敏感型失稳——
第五类稳定问题**

定问题的结构体系不宜应用于实际结构,因为缺陷敏感型稳定中的缺陷包含缺陷大小和缺陷分布,多自由度实际结构的缺陷分布可以是无穷多组,而实际结构中可以控制缺陷的大小但很难控制缺陷的分布类型,这样就很有可能导致实际结构的真实稳定承载力远远小于承载力的计算值。

　　上述五类结构稳定问题的分类适用于结构静力稳定问题。除此之外,结构稳定问题还可分为整体问题、局部稳定问题、整体和局部稳定相互作用问题等。考虑材料弹性和弹塑性的稳定问题又可分别称为结构弹性稳定问题和结构弹塑性稳定问题。

第 2 章　结构稳定问题的数值分析方法

2.1　结构分析方法

结构分析方法经历了理论分析、近似分析和数值分析的发展阶段。

理论分析方法是建立结构连续体的偏微分方程,引入边界条件,求解方程得到结构荷载作用下的位移、应变-应力和内力等。理论分析方法能够精确地求解简单和理想情况下的结构平衡路径的精确解,通过精确解了解和发现结构反应的规律。对于复杂结构体系,理论分析方法的方程建立和求解会变得十分困难。

近似分析方法是通过假定结构连续体的位移函数分布,将位移函数的求解转化为位移参数的求解,引入边界条件后,通过能量原理、最小二乘法、加权残数化等求解位移参数,进而得到外荷载下的结构位移、应力-应变和内力等。近似分析方法的精度取决于位移函数假定的精确性,位移函数必须满足几何边界条件,并应尽可能满足力的边界条件。

数值分析方法,即有限单元法的基本原理,是将连续体离散为由 n 个有限单元通过节点连接而成的离散体,假定单元体 i 的位移函数,建立单元体节点内力 $\{p\}_i$ 和位移 $\{u\}_i$ 及刚度矩阵 $[k]_i$ 的矩阵平衡方程,组装所有 n 个单元的平衡方程得到整个离散体关于节点外荷载和节点位移的总体矩阵平衡方程 $[K]\{U\}=\{P\}$,通过引入边界条件可以很容易求解外荷载作用下的节点位移,进而求解单元变形、应力-应变和内力。这样就将连续体偏微分方程求解的问题转化为离散体矩阵方程求解的问题,实现了任意结构问题求解途径的统一性和可行性。因为足够小的有限单元的位移场总能采用简单位移函数予以描述,所以只要细分单元总能得到足够精确的分析结果。有限单元法的单元平衡方程和组装结构平衡方程如图 2.1 所示[8-16]。

除模拟接触、间隙等的特殊单元外,结构分析中的单元可以分为线单元、面单元和体单元三大类[10-11]。线单元包括只考虑拉压的两端铰接的两节点杆单元、考虑弯曲的两节点梁单元、多节点等参梁单元等;面单元包括仅考虑平面内变形的三边形和四边形面单元,以及考虑弯曲变形的三节点或四节点板壳单元、多节点等参板壳单元等;体单元包括四节点三面体、八节点六面体等[8]。杆系结构一般可采用杆单元和梁单元进行离散和模拟。两节点杆单元在单元内部采用线性位移函数进行插值,是常应变或等轴力单元。梁单元类型较多,按不同梁单元理论可分为假定截面横向剪切刚度无穷大的符合平截面假定的梁单元、考虑横

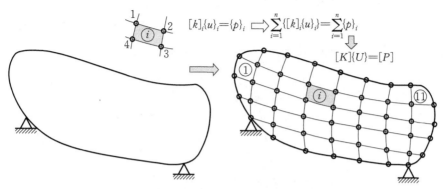

图 2.1　有限单元法的单元平衡方程和组装结构平衡方程

截面剪切变形的铁木辛柯梁单元、考虑翘曲扭转的弯扭梁单元等(见第 7 章和第 8 章);按不同插值函数可分为变形转角相关联的埃尔米特多项式插值梁单元、变形转角独立的拉格朗日多项式插值梁单元(等参梁单元)等。

在采用有限单元法进行结构分析时,针对所分析对象选择合适的单元类型尤为重要,它决定了分析结果的正确性;选择适当的单元网络划分数量也很重要,它决定了分析结果的精确性。例如,采用 6 个节点自由度的空间弯曲梁单元求解构件的翘曲弯扭变形是无法得到正确计算结果的。采用一个梁单元求解欧拉柱的屈曲也会得到明显偏大的计算结果,因为欧拉柱的屈曲变形曲线是正弦半波,而梁单元的弯曲变形插值函数是三次多项式函数,当采用这样的一个单元模拟时,相当于给受压柱施加了额外的约束,使其按三次多项式函数变形,显然这样额外的约束会明显提高柱子的屈曲临界力。

2.2　数值分析方法

外荷载作用下结构材料可能从弹性阶段进入弹塑性阶段,结构经历的位移可能是小位移,也可能是大位移。假定材料弹性和结构小位移的分析方法称为线性分析方法,假定材料弹性和结构大位移的分析方法称为几何非线性分析方法,考虑材料弹塑性和结构大位移的分析方法称为几何材料(物理)非线性分析方法。结构数值分析方法类型如图 2.2 所示。

线性分析是建立在材料弹性、结构小位移的基础上,结构的刚度矩阵是常数且仅取决于截面刚度。线性分线的结构平衡路径为如图 2.2 所示的直线。显然,线性分析方法不能应用于结构稳定分析。

几何非线性分析方法考虑了结构大位移对应变和平衡方程的非线性影响,可采用拉格朗日坐标列式(Lagrange Coordinate)进行描述[12-13]。拉格朗日坐标列式基于某一参考构形 Ω 定义格林(Green)应变张量和基尔霍夫(Kirchhoff)应力张量,并根据虚功原理得到状态 $\Omega^{(n+1)}$ 的运动平衡方程。针对参考构形 Ω 的不同选择,拉格朗日坐标列式可进一步分为全拉格朗日坐标列式(T.L.)和修正拉格朗日坐标列式(U. L.)。全拉格朗日坐标列式基于初始构形 $\Omega^{(0)}$。而修正拉格朗日坐标列式基于当前构形 $\Omega^{(n)}$ 建立下一状态 $\Omega^{(n+1)}$ 的方程,在求解过程中,不断地修正物体的参考构形。在固定坐标系中物体的运动如图 2.3 所示。

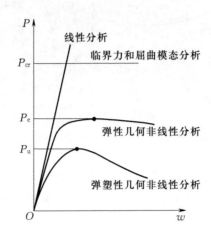

P_{cr}-屈曲临界力;　　P_e-弹性极限承载力;　　P_u-弹塑性极限承载力

图 2.2　结构数值分析方法类型

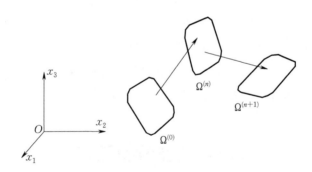

图 2.3　在固定坐标系中物体的运动

1. T.L.列式

根据格林应变定义应变分量:

$$2\varepsilon_{ij} = \frac{\partial u_i}{\partial X_j} + \frac{\partial u_j}{\partial X_i} + \frac{\partial u_k}{\partial X_i}\frac{\partial u_k}{\partial X_j} \tag{2.1}$$

应变增量表达式为:

$$\Delta\varepsilon_{ij} = \varepsilon_{ij}^{(n+1)} - \varepsilon_{ij}^{(n)} \tag{2.2}$$

将线性部分和非线性部分分列,可得到:

$$\{\Delta\varepsilon\} = [B]\{\Delta d_e\} = ([B_0] + [B_L])\{\Delta d_e\} \tag{2.3}$$

式中　$[B]$——大位移情况下的增量应变矩阵;

　　　$[B_0]$——与节点位移无关的线性应变矩阵;

$[B_L]$——与 $W^{(n)}$ 状态单元位移 $\{d_e\}^{(n)}$ 有关的应变矩阵。

系统的虚功方程可以表达为：

$$\int_{V_0} \{\varepsilon^*\}^T \{\sigma\} dV - \{P\}^T \{d^*\} = 0 \tag{2.4}$$

式中 $\{\varepsilon^*\},\{\sigma\}$——分别为单元虚应变向量和对应的应力向量；

$\{P\},\{d^*\}$——分别为节点荷载向量和节点虚位移向量。

由平衡条件，可以得到：

$$\int_{V_0} [B]^T \{\sigma\} dV - \{P\}^T = 0 \tag{2.5}$$

写成微分的形式为：

$$\int_{V_0} d([B]^T \{\sigma\}) dV - d\{P\} = \int_{V_0} [(d[B])^T \{\sigma\} + [B]^T d\{\sigma\}] dV - d\{P\} = 0 \tag{2.6}$$

因为：

$$\begin{cases} \{\Delta\sigma\} = \{\sigma\}^{n+1} - \{\sigma\}^n = [D]\{\Delta\varepsilon\} = [D][B]\{\Delta d_e\} = [D]([B_0] + [B_L])\{\Delta d_e\} \\ \{\Delta P\} = \{P\}^{(n+1)} - \{P\}^{(n)} \\ \{\Delta\varepsilon\} = [B]\{\Delta d_e\} = ([B_0] + [B_L])\{\Delta d_e\} \end{cases} \tag{2.7}$$

式(2.6)中：

$$\int_{V_0} [B]^T d\{\sigma\} dV = \left[\int_{V_0} [B_0]^T [D][B_0] dV + \right.$$

$$\left(\int_{V_0} [B_0]^T [D][B_L] dV + \int_{V_0} [B_L]^T [D][B_0] dV + \int_{V_0} [B_L]^T [D][B_L] dV \right) \right] \{\Delta d_e\}$$

$$\tag{2.8}$$

$$\int_{V_0} d[B]^T \{\sigma\} dV = \int_{V_0} d[B_L]^T \{\sigma\} dV = [K_\sigma]\{\Delta d_e\} \tag{2.9}$$

由式(2.8)和式(2.9)，并考虑式(2.7)，有：

$$[[K_0] + [K_u] + [K_\sigma]]^{(n)} \{\Delta d\} = \{P\}^{(n+1)} - \{P_R\}^{(n)} \tag{2.10}$$

式中 $[K_0]$——截面刚度矩阵，仅取决于 $\Omega^{(0)}$ 时刻的几何位形和截面特性；

$[K_u]$——位移非线性刚度矩阵，取决于 $\Omega^{(n)}$ 时刻的位移；

$[K_\sigma]$——应力非线性刚度矩阵，取决于 $\Omega^{(n)}$ 时刻的应力；

$\{P_R\}$——内力向量。

式(2.10)中：

$$\begin{cases} [K_0] = \int_{V_0} [B_0]^T [D][B_0] dV \\ [K_u] = \int_{V_0} ([B_0]^T [D][B_L] + [B_L]^T [D][B_0] + [B_L]^T [D][B_L]) dV \\ [K_\sigma]\{\Delta d_e\} = \int_{V_0} d[B_L]^T \{\sigma\} dV \end{cases} \tag{2.11}$$

2. U.L. 列式

根据 Green 应变表达式：

$$2\varepsilon_{ij} = \frac{\partial u_i}{\partial X_j} + \frac{\partial u_j}{\partial X_i} \tag{2.12}$$

应变增量表达式为：

$$\Delta \varepsilon_{ij} = \varepsilon_{ij}^{(n+1)} - \varepsilon_{ij}^{(n)} \tag{2.13}$$

引入式(2.5)，将 V_0 变换成 V_n 得：

$$\left(\int_{V_n} ([B_0] + [B_L])^{\mathrm{T}} \{\sigma\}^{(n)} \mathrm{d}V + \left[\int_{V_n} [B_0]^{\mathrm{T}}[D][B_0] \mathrm{d}V \right] \right) \{\Delta d\} = \{P\}^{(n+1)} \tag{2.14}$$

由于 U.L.列式是以上一步的构形为参考，增量与上一步的位移无关，即 $\{P_R\}^{(n)} = \int_{V_n} [B_0]^{\mathrm{T}} \{\sigma\}^{(n)} \mathrm{d}V$，所以：

$$\left[\int_{V_n} [B_L]^{\mathrm{T}} \{\sigma\}^{(n)} \mathrm{d}V + \int_{V_n} [B_0]^{\mathrm{T}}[D][B_0] \mathrm{d}V \right] \{\Delta d\} = \{P\}^{(n+1)} - \{P_R\}^{(n)} \tag{2.15}$$

式(2.15)的矩阵形式为：

$$[[K_0] + [K_\sigma]]^{(n)} \{\Delta d\} = \{P\}^{(n+1)} - (P_R)^{(n)} \tag{2.16}$$

3. 结构非线性荷载位移平衡路径和屈曲特征值的求解

忽略式(2.10)中的 $[K_u]$ 和 $[K_\sigma]$，仅考虑应变位移几何关系的线性项，可以进行如图 2.2 所示的结构线性分析。

在式(2.10)或式(2.16)中假定结构材料为弹性，可进行如图 2.2 所示的结构弹性几何非线性分析，求解结构的几何非线性荷载位移平衡路径和弹性极限承载力 P_e。

在式(2.10)或式(2.16)中考虑并引入结构材料的弹塑性本构关系，即可进行结构的弹塑性几何非线性分析，得到如图 2.2 所示结构的荷载位移平衡路径和弹塑性极限荷载 P_u。

在求解结构屈曲临界力和屈曲模态时，因为屈曲前的变形很小而可以忽略结构变形 $\{U\}$ 对结构刚度的影响，并且假定屈曲前结构内力和应力呈线性关系。在结构初始几何位形基础上施加荷载 $\{P_1\}$ 可以得到结构应力 $\{\sigma_1\}$，假定荷载 $\lambda\{P_1\}$ 作用下结构应力为 $\lambda\{\sigma_1\}$，由式(2.10)可以得到结构的刚度矩阵为 $[[K_0] + \lambda[K_{\sigma 1}]]$。当结构刚度矩阵的行列式值为 0 时，即当满足式(2.17)时，结构屈曲临界力为 $\lambda\{P_1\}$。显然，求解式(2.17)可以得到具有 N 个自由度的结构的 N 个特征值 $\lambda_k(k=1,2,\cdots,N)$ 和对应的特征向量 $\{U\}_k(k=1,2,\cdots,N)$，则 $\lambda_k\{P_1\}$ 为结构各阶临界力，$\{U_k\}$ 为对应的结构屈曲模态，$\lambda_1\{P_1\}$ 和 $\{U\}_1$ 为结构的最小临界力及其对应的屈曲模态。图 2.2 中的 P_{cr} 就是按照这一方法求解得到的结构最小屈曲临界力。

$$[K_0] + \lambda[K_{\sigma 1}] = 0 \tag{2.17}$$

由以上分析可知，结构临界力 P_{cr} 的求解是建立在初始几何位形、不计结构变形影响、假定荷载和应力等比例变化的基础上的，其结果是近似的，即对于第一类、第三类、第五类分支型稳定问题具有较高精度,对于第二类极值型、第四类跳跃型稳定问题仅具参考价值。但其所求解得到的屈曲模态对于了解结构刚度的特征和可能失稳的形式具有重要的意义和价值。在进行结构弹性几何非线性或弹塑性几何非线性分析时,需考虑结构的初始缺陷,一般认为结构较易产生的初始缺陷分布与第一屈曲模态一致,这样的初始缺陷假定方法称为一致缺陷模态法。

特别需要指出的是,对于预应力结构,结构的屈曲分析应建立在结构施加预应力完毕后达到的初始平衡状态的基础上,即应根据初始平衡状态的几何位形和预应力 σ_0 建立结构的刚度矩阵,求解在外荷载 $\{P_1\}$ 作用下结构自初始状态起的应力增量 $\{\sigma_1\}$,在此基础上建立如式(2.18)所示的结构临界屈曲方程,求解得到结构的屈曲临界力和屈曲模态。

$$[[K_0]+[K_{\sigma_0}]]+\lambda[K_{\sigma_1}]=0 \tag{2.18}$$

综上所述,采用数值分析方法求解结构稳定问题时,必须首先进行结构的临界力和屈曲模态分析以得到 P_{cr} 和缺陷分布,然后进行结构的弹性几何非线性分析或弹塑性几何非线性分析以得到 P_e 或 P_u,进而评判结构的稳定性能。当进一步分析结构的后屈曲性能时,尚应进行结构荷载位移平衡路径的全过程求解。

2.3　荷载位移平衡路径求解方法

非线性荷载位移平衡路径的解法有直接迭代法(割线刚度法)、牛顿-拉夫逊(Newton-Raphson)法、修正的 Newton-Raphson 法、拟 Newton-Raphson 法、弧长法和混合迭代法等[14-16]。这些方法从数学角度出发,把非线性问题线性化,通过线性迭代计算,达到求解非线性问题的目的。这里主要介绍两种方法:Newton-Raphson 法和弧长法。

1. Newton-Raphson 法

结构的平衡非线性方程通常可以表示为:

$$[K(\alpha)]\{\alpha\}=\{P\} \quad 或 \quad \{\Phi(\{\alpha\})\}=[K(\alpha)]\{\alpha\}-\{P\}=0 \tag{2.19}$$

对于式(2.19),第 $\Omega^{(n)}$ 的解 $\{\Phi(\{\alpha\}^{(n)})\}\neq0$,为了求解 $\{\Phi(\{\alpha\}^{(n+1)})\}=0$ 的解 $\{\alpha\}^{(n+1)}$,将 $\{\Phi(\{\alpha\}^{(n+1)})\}$ 在 $\{\alpha\}^{(n)}$ 附近仅保留线性项进行泰勒(Taylor)级数展开,得:

$$\{\Phi(\{\alpha\}^{(n+1)})\}=\{\Phi(\{\alpha\}^{(n)})\}+\left[\frac{\mathrm{d}\Phi}{\mathrm{d}\alpha}\right]^{(n)}\{\Delta\alpha\}^{(n)}=0 \tag{2.20}$$

且有:

$$\{\alpha\}^{(n+1)}=\{\alpha\}^{(n)}+\{\Delta\alpha\}^{(n)} \tag{2.21}$$

重复迭代过程求解直至满足收敛要求。$[\mathrm{d}\Phi/\mathrm{d}\alpha]$ 是切线矩阵,即 $[\mathrm{d}\Phi/\mathrm{d}\alpha]=[\mathrm{d}P/\mathrm{d}\alpha]=[K_T]$,于是:

$$\{\Delta\alpha\}^{(n)}=-([K_T]^{(n)})^{-1}\{\Phi\}^{(n)}=-([K_T]^{(n)})^{-1}(\{P_R\}^{(n)}-\{P\})$$
$$=([K_T]^{(n)})^{-1}(\{P\}-\{P_R\}^{(n)}) \tag{2.22}$$

式中:$[K_T]^{(n)}=[K_T(\{\alpha\}^{(n)})]$,$\{P\}^{(n)}=\{P(\{\alpha\}^{(n)})\}$。

Newton-Raphson 法的求解过程如图 2.4(a)所示,图 2.4(b)是修正 Newton-Raphson 法的图解。修正 Newton-Raphson 法与 Newton-Raphson 法不同的是,后面每步迭代所用的是第一次的切线刚度,所以修正 Newton-Raphson 法又称为等刚度法。因为 Newton-Raphson 法每次计算都要重新形成切线刚度,所以计算量大,但收敛快;而修正的 Newton-Raphson 法因每次计算都用第一次的切线刚度,所以计算量相对较小,而收敛较慢。

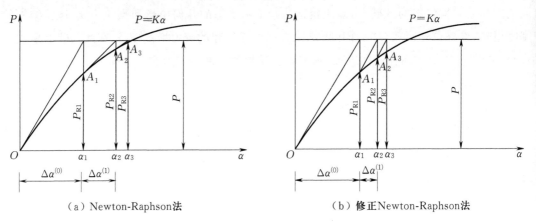

(a)Newton-Raphson法　　　　　　(b)修正Newton-Raphson法

图 2.4　Newton-Raphson 法图解

2. 弧长法

弧长法作为一种有效的结构非线性分析算法,能有效地克服结构负刚度引起的求解难度,能够在迭代求解过程中自动调节增量步长,跟踪各种复杂的非线性平衡路径全过程,其对于求解极值点问题及下降段问题具有独到的优势,已被广泛地应用于结构非线性分析,特别是结构非线性稳定问题的分析[17-19],弧长法迭代求解的基本方法如图 2.5 所示。

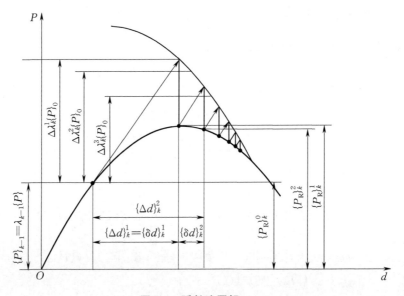

图 2.5　弧长法图解

假定当第 $k-1$ 次增量步完成后,进行第 k 次增量步。本过程中所有参数说明如下:

$[\quad]_k^j$:第 k 个荷载增量步的第 j 次迭代;

$[K_T]_k^0$:第 k 荷载增量步初始切线刚度;

$\{\delta d\}_k^j$:第 k 荷载增量步,第 j 次迭代的增量位移向量;

$\{\Delta d\}_k^j$:第 k 荷载增量步,第 j 次迭代的步内累计增量位移向量;

$\delta\lambda_k^j$:第 k 荷载增量步,第 j 次迭代的载荷参数增量;

$\Delta\lambda_k^j$:第 k 荷载增量步,第 j 次迭代的步内累计载荷参数增量;

$\{P\}_0$:标准参考荷载向量;

$\{P_R\}_k^j$:第 k 荷载增量步,第 j 次迭代的内力向量;

Δl_k:第 k 荷载增量步的增量弧长。

第 k 荷载增量步,第 1 次迭代,$i=k$,$j=1$,迭代方程组为:

$$\begin{cases} [K_T]_k^0\{\delta d\}_k^1=\Delta\lambda_k^1\{P\}_0+\{P\}_{k-1}-\{P_R\}_k^0 \\ \{\Delta d\}_k^1=\{\Delta d\}_k^0+\{\delta d\}_k^1 \quad (\{\Delta d\}_k^0=0) \\ \{\Delta\lambda\}_k^1=\{\Delta\lambda\}_k^0+\{\delta\lambda\}_k^1 \quad (\{\Delta\lambda\}_k^0=0) \end{cases} \tag{2.23}$$

第 k 荷载增量步,第 j 次迭代,迭代方程组为:

$$\begin{cases} [K_T]_k^0\{\delta d\}_k^i=\Delta\lambda_k^i\{P\}_0+\{P\}_{k-1}-\{P_R\}_k^{i-1} \\ \{\Delta d\}_k^i=\{\Delta d\}_k^{i-1}+\{\delta d\}_k^i \\ \Delta\lambda_k^i=\Delta\lambda_k^{i-1}+\delta\lambda_k^i \end{cases} \tag{2.24}$$

弧长法的参数控制方程为:

$$\alpha^2(\{\Delta d\}_k^i)^T\{\Delta d\}_k^i+\beta^2(\Delta\lambda_k^i)^2(\{P\}_0)^T\{P\}_0=(\Delta l_k)^2 \tag{2.25}$$

把式(2.24)代入式(2.25),可得:

$$\alpha^2(\{\Delta d\}_k^i+\{\Delta d\}_k^{II}+\Delta\lambda_k\{\Delta d\}_k^{I})^T(\{\Delta d\}_k^{i-1}+\{\Delta d\}_k^{II}+\Delta\lambda_k^i\{\Delta d\}_k^{I})+$$
$$\beta^2(\Delta\lambda_k^i)^2(\{P\}_0)^T\{P\}_0=(\Delta l_k)^2 \tag{2.26}$$

式中:$[K_T]_k^0\{\Delta d\}_k^{I}=\{P\}_0$,$[K_T]_k^0\{\Delta d\}_k^{II}=\{P\}_{k-1}-\{P_R\}_k^{i-1}$,$\alpha$ 和 β 为尺度因子。

把式(2.26)简化得:

$$A(\Delta\lambda_k^i)^2+B\Delta\lambda_k^i+C=0 \tag{2.27}$$

其中:

$A=\alpha^2(\{\Delta d\}_k^{I})^T\{\Delta d\}_k^{I}+\beta^2(\{P\}_0)^T\{P\}_0$;

$B=2\alpha^2(\{\Delta d\}_k^{i-1}+\{\Delta d\}_k^{II})^T\{\Delta d\}_k^{I}$;

$C=\alpha^2(\{\Delta d\}_k^{i-1}+\{\Delta d\}_k^{II})^T(\{\Delta d\}_k^{i-1}+\{\Delta d\}_k^{II})-(\Delta l_k)^2$。

方程(2.27)的解为 $\Delta\lambda_k^i=\dfrac{-B\pm\sqrt{B^2-4AC}}{2A}$。

不同的尺度因子(α,β)表征了不同的弧长法,表 2.1 列出了三种常用的尺度因子选择比较。

表 2.1　弧长法尺度因子选择比较

名称	尺度因子	特点
球面弧长法(Spherical Arc-Length Method,SALM)	$\alpha=1,\beta=1$	包含参考荷载的影响,存在尺寸效应,收敛效果不好
柱面弧长法(Cylindrical Arc-Length Method,CALM)	$\alpha=1,\beta=0$	忽略参考荷载的影响,全方位的位移控制方法;不存在尺寸效应,收敛效果好
椭圆弧长法(Ellipsoidal Arc-Length Method,EALM)	$\alpha=1,\beta=\Delta S_p$	ΔS_p为当前刚度参数增量,不存在尺寸效应

第 3 章　后屈曲阶段的初始缺陷敏感性

3.1　理想杆件的后屈曲性能

1. 对称分支型失稳——具有稳定的后屈曲性能

考虑一根刚性杆件,上端自由,作用竖向力 P,底端铰接,设有转动弹簧,刚度为 C,如图 3.1(a)所示。

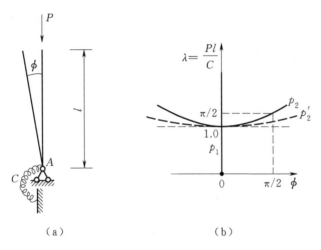

（a）　　　　　　　　　　（b）

图 3.1　后屈曲性能稳定的对称分支型失稳

根据能量准则或直接绕杆件点 A 建立内外力的平衡方程,如式(3.1)所示:

$$\begin{cases} Pl\sin\phi - C\phi = 0 \\ \lambda = \dfrac{Pl}{C} = \dfrac{\phi}{\sin\phi} \end{cases} \tag{3.1}$$

记 $\lambda = Pl/C$,可以绘制杆件模型的平衡路径,如图 3.1(b)所示。显然,分支点或临界点屈曲荷载 $\lambda = 1.0$,存在 $\phi = 0$ 和 $\phi \neq 0$ 两类平衡路径,分别记为 p_1 和 p_2,如式(3.2)所示,平衡路径的稳定性分析如式(3.3)所示:

$$\begin{cases} \phi = 0 \Rightarrow p_1 \\ \phi \neq 0, \lambda = \dfrac{\phi}{\sin\phi} \Rightarrow p_2 \end{cases} \tag{3.2}$$

$$平衡路径\begin{cases} p_1(\phi=0): \begin{cases} \lambda \leqslant 1.0 \text{ 时,稳定} \\ \lambda > 1.0 \text{ 时,不稳定} \end{cases} \\ p_2(\phi \neq 0): \text{稳定(具有屈曲后继强度)} \end{cases} \quad (3.3)$$

在平衡路径 p_2 中的 $(\phi/\sin\phi)$ 采用 Taylor 级数展开,考虑 ϕ 微小而忽略 ϕ 高阶项,并将这一平衡路径定义为 p_2',如式(3.4)所示:

$$\lambda = \frac{\phi}{\sin\phi} \approx 1 + \frac{\phi^2}{6} \Rightarrow p_2' \quad (3.4)$$

从平衡路径 p_2 可见,杆件模型具有稳定的后屈曲性能。从平衡路径 p_2' 可见,杆件模型具有稳定的初始后屈曲性能。

图 3.1 所示杆件模型的失稳问题为具有稳定的后屈曲性能的对称分支型失稳问题。

2. 对称分支型失稳——具有不稳定的后屈曲性能

考虑一根刚性杆件,下端铰接、上端连接水平弹簧,刚度为 C,作用竖向力 P,底端铰接,如图 3.2(a)所示。

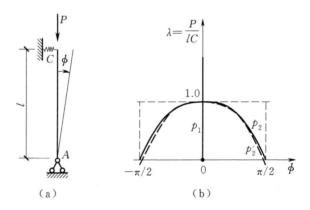

图 3.2 后屈曲性能不稳定的对称分支型失稳

根据能量准则或直接绕杆件点 A 建立内外力的平衡方程,如式(3.5)所示:

$$\begin{cases} Pl\sin\phi - Cl\sin\phi \cdot l \cdot \cos\phi = 0 \\ \left(\dfrac{P}{lC} - \cos\phi \right)\sin\phi = 0 \\ \lambda = \cos\phi \end{cases} \quad (3.5)$$

记 $\lambda = P/(lC)$,可以绘制杆件模型的平衡路径,如图 3.2(b)所示。显然,分支点或临界点屈曲荷载 $\lambda = 1.0$,存在 $\phi = 0$ 和 $\phi \neq 0$ 两类平衡路径,分别记为 p_1 和 p_2,如式(3.6)所示,平衡路径的稳定性分析如式(3.7)所示:

$$\begin{cases} \phi = 0 \Rightarrow p_1 \\ \phi \neq 0, \lambda = \cos\phi \Rightarrow p_2 \end{cases} \quad (3.6)$$

$$平衡路径 \begin{cases} p_1(\phi=0): \begin{cases} \lambda \leqslant 1.0\ 时,稳定 \\ \lambda > 1.0\ 时,不稳定 \end{cases} \\ p_2(\phi \neq 0): 不稳定(屈曲后必须降低荷载才能维持平衡) \end{cases} \tag{3.7}$$

在平衡路径 p_2 中的 $\cos\phi$ 采用 Taylor 级数展开,考虑 ϕ 微小而忽略 ϕ 高阶项,并将这一平衡路径定义为 p_2',如式(3.8)所示:

$$\lambda = \cos\phi \approx 1 - \phi^2 \Rightarrow p_2' \tag{3.8}$$

从平衡路径 p_2 可见,杆件模型具有不稳定的后屈曲性能。从平衡路径 p_2' 可见,杆件模型具有不稳定的初始后屈曲性能。

图 3.2 所示杆件模型的失稳问题为具有不稳定的后屈曲性能的对称分支型失稳问题。

3. 不对称分支型失稳——具有稳定的和不稳定的后屈曲性能

考虑一根刚性杆件,上端连接 $45°$ 斜拉弹簧,刚度为 C,作用竖向力 P,底端铰接,如图 3.3(a)所示。

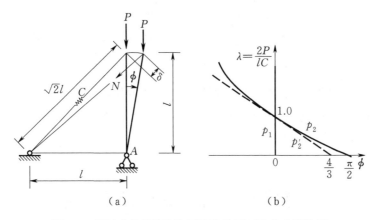

图 3.3 后屈曲性能稳定和不稳定的不对称分支型失稳

记斜拉弹簧的变形为 δ,弹簧力及其在水平和竖向的分量分别为 N、N_H、N_V,则有:

$$N = C\delta \tag{3.9}$$

$$N_H = N\frac{l(1+\sin\phi)}{\sqrt{2}l+\delta} = N\frac{\sqrt{1+\sin\phi}}{\sqrt{2}} \tag{3.10}$$

$$N_V = N\frac{l\cos\phi}{\sqrt{2}l+\delta} = N\frac{\cos\phi}{\sqrt{2}\sqrt{1+\sin\phi}} \tag{3.11}$$

绕点 A 建立弯矩的平衡方程,如式(3.12)所示:

$$Pl\sin\phi = N_H l\cos\phi - N_V l\sin\phi \tag{3.12}$$

记 $\lambda = 2P/(lC)$,可以绘制杆件模型的平衡路径,如图 3.3(b)所示。显然,分支点或临界点屈曲荷载 $\lambda = 1.0$,存在 $\phi = 0$ 和 $\phi \neq 0$ 两类平衡路径,分别记为 p_1 和 p_2,如式(3.13)所示,平衡路径的稳定性分析如式(3.14)所示:

$$\begin{cases} \phi=0 \Rightarrow p_1 \\ \phi \neq 0, \lambda = 2\cot\phi(\sqrt{1+\sin\phi}-1)\left(\dfrac{\sqrt{1+\sin\phi}}{\sin\phi}-\dfrac{1}{\sqrt{1+\sin\phi}}\right) \\ \qquad = 2\cot\phi\left(1-\dfrac{1}{\sqrt{1+\sin\phi}}\right) \Rightarrow p_2 \end{cases} \tag{3.13}$$

$$\text{平衡路径}\begin{cases} p_1(\phi=0): \begin{cases} \lambda \leqslant 1.0 \text{ 时,稳定} \\ \lambda > 1.0 \text{ 时,不稳定} \end{cases} \\ p_2(\phi \neq 0): \begin{cases} \phi > 0, \text{不稳定(屈曲后必须降低荷载才能维持平衡)} \\ \phi < 0, \text{稳定} \end{cases} \end{cases} \tag{3.14}$$

对平衡路径 p_2 采用 Taylor 级数展开,考虑 ϕ 微小而忽略 ϕ 高阶项,$\cot\phi$ 等采用 Taylor 级数展开,将其代入平衡路径 p_2 方程,得到 p_2',如式(3.15)所示:

$$\begin{cases} \cot\phi = \dfrac{1}{\phi} - \dfrac{\phi}{3} \\ \dfrac{1}{\sqrt{1+\sin\phi}} \approx 1 - \dfrac{\phi}{2} + \dfrac{3}{8}\phi^2 \approx 1 - \dfrac{\phi}{2} \\ \lambda = 1 - \dfrac{3}{4}\phi \Rightarrow p_2' \end{cases} \tag{3.15}$$

从平衡路径 p_2 可见,当 $\phi > 0$ 时,杆件模型具有不稳定的后屈曲性能;当 $\phi < 0$ 时,后屈曲性能稳定。从平衡路径 p_2' 可见,当 $\phi > 0$ 时,杆件模型具有不稳定的初始后屈曲性能,当 $\phi < 0$ 时,初始后屈曲性能稳定。

3.2　结构稳定的初始缺陷影响系数

本书第 3.1 节针对理想构件模型,分别介绍了具有稳定的初始后屈曲性能的对称分支型失稳、具有不稳定的初始后屈曲性能的对称分支型失稳,以及具有稳定的和不稳定的初始后屈曲性能的不对称分支型失稳。

工程结构中不存在无缺陷的理想构件,钢结构构件一般存在初始偏心、残余应力和初始挠度。以具有初始挠度的轴心受压构件为例,分析初始缺陷对构件弯曲失稳的影响和初始缺陷敏感性。具有初始挠度的轴心受压构件的弯曲失稳如图 3.4 所示。图 3.4(a)中构件轴力为 P,构件欧拉屈曲力为 P_{cr},长度为 l,初始挠度为 w_0,弯曲挠度为 δ,总变形为 w。

记 δ_m 为轴压构件跨中最大弯曲变形,存在以下关系:

$$\delta = \delta_m \sin\frac{\pi x}{l} \tag{3.16}$$

由式(3.16)可以得到构件跨中弯矩平衡条件,如式(3.17)所示:

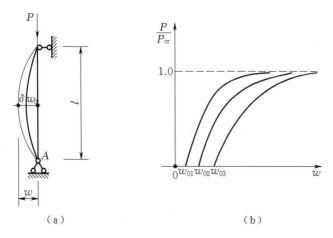

图 3.4　具有初始挠度的轴心受压构件的弯曲失稳

$$M_{\max}=P(w_0+\delta_{\mathrm m})=Pw_0+P\delta_{\mathrm m}=-EI\delta''=EI\delta_{\mathrm m}\frac{\pi^2}{l^2}=P_{\mathrm{cr}}\delta_{\mathrm m} \tag{3.17}$$

$$\delta_{\mathrm m}=\frac{Pw_0}{P_{\mathrm{cr}}-P}=\frac{w_0}{\dfrac{P_{\mathrm{cr}}}{P}-1} \tag{3.18}$$

$$w=w_0+\delta_{\mathrm m}=w_0+\frac{w_0}{\dfrac{P_{\mathrm{cr}}}{P}-1}=\frac{w_0}{1-\dfrac{P}{P_{\mathrm{cr}}}} \tag{3.19}$$

$$\frac{P}{P_{\mathrm{cr}}}=1-\frac{w_0}{w}=\psi \tag{3.20}$$

$$P=\psi P_{\mathrm{cr}} \tag{3.21}$$

由式(3.20)可知,ψ 为有缺陷轴心受力构件的稳定承载力与理想欧拉构件屈曲荷载的比值,ψ 可以理解为缺陷对构件承载能力的影响系数。

将式(3.19)绘制于图 3.4(b)的平衡路径中。对照式(3.20)可知,当轴心受压构件变形 w 趋向无穷大时,缺陷影响系数 ψ 趋于 1,即初始缺陷仅对轴心受力构件的变形有影响,而对构件的稳定极限承载力无影响。

3.3　结构的初始缺陷敏感性

1. 具有稳定初始后屈曲性能的对称分支型失稳的杆件

考虑如图 3.1 所示具有稳定初始后屈曲性能的对称分支型失稳的理想杆件,其初始后屈曲平衡路径 p_2' 如式(3.4)所示。考虑一般情况和广义位移 w,这类情况的初始后屈曲性能可以写为:

$$\frac{P}{P_{\text{cr}}}=1+k_1w^2 \qquad (3.22)$$

式中，k_1 是正值系数。

将式(3.20)的初始缺陷影响系数 ψ 引入式(3.22)，可以得到考虑初始缺陷的杆件的近似后屈曲平衡路径方程，如式(3.23)所示。式(3.23)所示考虑初始缺陷 w_0 的初始后屈曲平衡路径可以绘制在图 3.5 中。

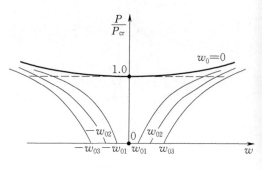

$$\frac{P}{P_{\text{cr}}}=(1+k_1w^2)\left(1-\frac{w_0}{w}\right) \qquad (3.23)$$

$$=1-\frac{w_0}{w}-k_1w_0w+k_1w^2$$

图 3.5　考虑初始缺陷的后屈曲性能稳定的对称分支型失稳

由图 3.5 可知，具有稳定的后屈曲性能的对称分支型失稳的杆件，考虑初始缺陷后，其后屈曲平衡路径单调增加，无极值点。因此，这类杆件是缺陷不敏感型结构。

2. 具有不稳定初始后屈曲性能的对称分支型失稳的杆件

考虑图 3.2 所示的具有不稳定初始后屈曲性能的对称分支型失稳的理想杆件，其初始后屈曲平衡路径 p_2' 如式(3.8)所示。考虑一般情况和广义位移 w，这类情况的初始后屈曲性能可以写为：

$$\frac{P}{P_{\text{cr}}}=1-k_2w^2 \qquad (3.24)$$

式中，k_2 是正值系数。

将式(3.20)的初始缺陷影响系数 ψ 引入式(3.24)，可以得到考虑初始缺陷的杆件的近似后屈曲平衡路径方程，如式(3.25)所示：

$$\frac{P}{P_{\text{cr}}}=(1-k_2w^2)\left(1-\frac{w_0}{w}\right)=1-\frac{w_0}{w}-k_2w^2+k_2w_0w \qquad (3.25)$$

对式(3.25)关于 w 求导并令其为 0，得：

$$\frac{w_0}{w^2}+k_2w_0-2k_2w=0 \qquad (3.26)$$

设 $w(P_{\max})\gg w_0$，求解式(3.26)得 w，并代入式(3.25)可得到 $P_{\max}$ 值，如式(3.27)所示：

$$\frac{P_{\max}}{P_{\text{cr}}}=1-3\sqrt[3]{\frac{k_2}{4}}\,w_0^{\frac{2}{3}}+2\left(\sqrt[3]{\frac{k_2}{4}}\,w_0^{\frac{2}{3}}\right)^2 \qquad (3.27)$$

绘制式(3.25)所示的考虑初始缺陷 w_0 的初始后屈曲平衡路径和式(3.27)所示的极限承载力与初始缺陷 w_0 的关系图，如图 3.6 所示。

由图 3.6 可知，具有不稳定的后屈曲性能的对称分支型失稳的杆件，考虑初始缺陷后，

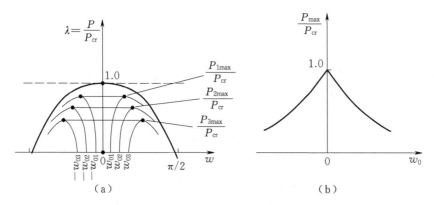

图 3.6　考虑初始缺陷的后屈曲性能不稳定的对称分支型失稳

其后屈曲平衡路径存在极值点 $P_{\max}$，且 $P_{\max}$ 随初始缺陷的增加而显著降低。因此，这类杆件是缺陷敏感型结构。

3. 具有稳定和不稳定初始后屈曲性能的不对称分支型失稳的杆件

考虑如图 3.3 所示的具有稳定和不稳定初始后屈曲性能的不对称分支型失稳的理想杆件，其初始后屈曲平衡路径 p_2' 如式（3.15）所示。考虑一般情况和广义位移 w，这类情况的初始后屈曲性能可以写为：

$$\frac{P}{P_{\mathrm{cr}}}=1-k_3 w \tag{3.28}$$

式中，k_3 是正值系数。

将式（3.20）的初始缺陷影响系数 ϕ 引入式（3.28），可以得到考虑初始缺陷的杆件的近似后屈曲平衡路径方程，如式（3.29）所示。式（3.29）所示考虑初始缺陷 w_0 的初始后屈曲平衡路径如图 3.7（a）所示。

$$\frac{P}{P_{\mathrm{cr}}}=(1-k_3 w)\left(1-\frac{w_0}{w}\right)=1-\frac{w_0}{w}+k_3 w_0-k_3 w \tag{3.29}$$

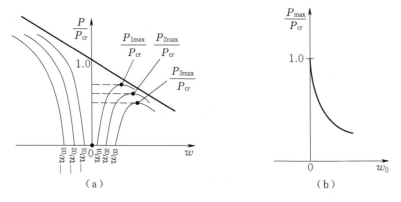

图 3.7　考虑初始缺陷的后屈曲性能稳定和不稳定的不对称分支型失稳

对式(3.29)关于 w 求导并令其为 0,得:

$$\frac{w_0}{w^2} - k_3 = 0 \qquad (3.30)$$

求解式(3.30)得 w,代入式(3.29)可得到 $P_{\max}$ 值,如式(3.31)所示:

$$\frac{P_{\max}}{P_{cr}} = 1 - 2\sqrt{k_3 w_0} + k_3 w_0 \approx 1 - 2\sqrt{k_3 w_0} \qquad (3.31)$$

图 3.7(b)给出了初始缺陷 w_0 对 $P_{\max}/P_{cr}$ 的影响曲线。由图可知,具有稳定和不稳定的后屈曲性能的不对称分支型失稳的杆件,考虑初始缺陷后,其后屈曲平衡路径当 $w > 0$ 时存在极值点 $P_{\max}$,且 $P_{\max}$ 随初始缺陷的增加而显著降低。因此,这类杆件后屈曲变形向右使斜拉弹簧受拉时是缺陷敏感型结构,而后屈曲向左变形使斜拉弹簧受压时是缺陷不敏感型结构。

根据上述对 3 个杆件模型的分析,可以得到这样的结论:具有稳定的后屈曲平衡路径的结构是缺陷不敏感型结构,具有不稳定的后屈曲平衡路径的结构是缺陷敏感型结构。

3.4　判断后屈曲性能的定性方法

1. 轴心受压理想杆件的后屈曲性能判断

图 3.1 所示杆件模型中,杆件产生转角 ϕ 后,绕点 A 的外弯矩增量 $M_e = Pl\sin\phi$,内弯矩增量 $M_i = C\phi$。由图 3.8 可知,内弯矩增量大于外弯矩增量,荷载可以继续增加,杆件的后屈曲性能是稳定的。

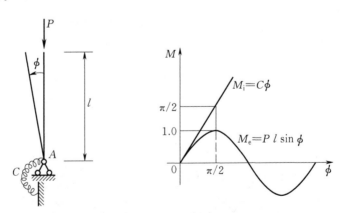

图 3.8　内弯矩增量大于外弯矩增量——稳定的后屈曲性能

图 3.2 所示杆件模型中,杆件产生转角 ϕ 后,绕点 A 的外弯矩增量 $M_e = Pl\sin\phi$,内弯矩增量 $M_i = Cl^2\sin\phi\cos\phi$。由图 3.9 可知,外弯矩增量大于内弯矩增量,荷载必须下降才能维持平衡,杆件的后屈曲性能是不稳定的。

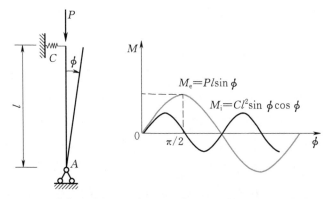

图 3.9　外弯矩增量大于内弯矩增量——不稳定的后屈曲性能

2. 两对边均匀受压的四边简支板的后屈曲性能判断

图 3.10 中给出了两对边均匀受压的宽度为 b、厚度为 t 的四边简支板。

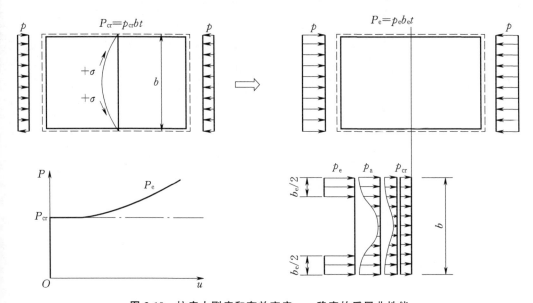

图 3.10　拉应力刚度和有效宽度——稳定的后屈曲性能

一方面,均匀受压的四边简支板在屈曲后的板件弯曲过程中,板件中部截面中线因弯曲而伸长,产生正应力 σ,这一正应力提供了板件抵抗外荷载的附加刚度,使板件屈曲后外荷载可以继续增加;另一方面,板件屈曲后板件中部因弯曲而不能有效抵抗外部压力,截面中部区域原先均匀的内压应力会向两侧简支边转移而发生应力重分布,边缘应力从 p_{cr} 增加至 p_a 最终至 p_e,可以假定 p_e 分布在两侧各 $b_e/2$ 的有效宽度范围内,而 p_e 会一直增加直至材料屈服,这个过程中外荷载 p 也随之增加。根据这两方面的分析,两对边均匀受压四边简支板的后屈曲性能是稳定的。

3. 单梁单柱框架的后屈曲性能判断

单梁单柱组成的框架如图 3.11 所示,柱顶受竖向力 P 作用。当柱受压、加载至 $P=P_{cr}$ 时屈曲,屈曲时 $R_A=P_{cr}$,如图 3.11(a)所示。如发生右向弯曲变形,即当 w 为正值时,梁端 B 支座反力 R_B 向下作用,柱底点 A 的支座反力 $R_A=P+R_B$,但轴心受压柱的后屈曲性能是中性的,后屈曲变形过程中轴力 R_A 必须维持不变,即 $R_A=P+R_B=P_{cr}$,外荷载 P 必须随变形增加(R_B 的增加)而减小,即 $P=P_{cr}-R_B$,如图 3.11(b)所示。因此,当弯曲屈曲变形 w 为正值时,框架后屈曲性能是不稳定的。同理,当发生左向弯曲变形,即 w 为负值时,梁端点 B 的支座反力 R_B 向上作用,柱底点 A 的支座反力 $R_A=P-R_B=P_{cr}$,则外荷载 P 随变形增加(R_B 的增加)而增加,即 $P=P_{cr}+R_B$,如图 3.11(c)所示。因此,当弯曲屈曲变形 w 为负值时,框架后屈曲性能是稳定的。

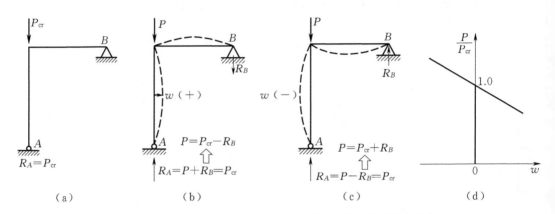

图 3.11 受压单梁单柱框架——稳定的和不稳定的后屈曲性能

第4章 分支型失稳临界荷载的相关准则

4.1 Southwell 准则

索思维尔(Southwell)准则可表示为:包含 n 个刚度的多刚度结构体系的最小屈曲荷载参数 λ_0 不小于各个单独刚度对应的屈曲荷载参数 λ_i 之和,即:

$$\lambda_0 \geqslant \sum_{i=1}^{n} \lambda_i \tag{4.1}$$

考虑图 4.1 所示一轴心受压开口薄壁柱,柱高为 H,下端固结、上端自由,轴力为 P。薄壁柱的弯扭屈曲平衡方程如式(4.2)所示:

$$EI_\omega \theta^{\mathrm{IV}} + (Pr^2 - GI_k)\theta'' = 0 \tag{4.2}$$

式中 θ ——截面扭转角;

        r ——截面回转半径;

      EI_ω ——截面翘曲扭转刚度;

      GI_k ——截面自由扭转刚度。

由式(4.2)可知,薄壁构件抵抗扭转屈曲的刚度包含 EI_ω 和 GI_k(见第 7 章)。

分别考虑 EI_ω 和 GI_k 的薄壁柱弯曲屈曲荷载,如式(4.3)和式(4.4)所示。根据 Southwell 准则,轴压薄壁柱的弯扭屈曲荷载如式(4.5)所示:

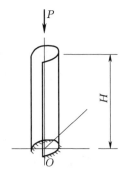

图 4.1   多刚度开口薄壁柱的扭转屈曲临界力

$$P_{\mathrm{cr},1} = \frac{1}{r^2}\frac{\pi^2 EI_\omega}{4H^2} \tag{4.3}$$

$$P_{\mathrm{cr},2} = \frac{GI_k}{r^2} \tag{4.4}$$

$$P_{\mathrm{cr}} = \frac{1}{r^2}\left(\frac{\pi^2 EI_\omega}{4H^2} + GI_k\right) \tag{4.5}$$

式(4.5)正好是精确解。

4.2　Dunkerley 准则

邓克利(Dunkerley)准则可表示为:作用 n 个荷载的多荷载弹性结构系统屈曲荷载参数 λ_0 的倒数不大于作用各个荷载的系统最小屈曲荷载参数 λ_i 之和,即:

$$\frac{1}{\lambda_0} \leqslant \sum_{i=1}^{n} \lambda_i \tag{4.6}$$

考虑图 4.2 所示的受轴力 N 和腹板平面内弯矩 M(绕 x 轴)作用的压弯 H 形截面柱,柱高为 L,上下两端铰接,根据 Dunkerley 准则求其腹板平面外(绕 y 轴)的弯扭屈曲临界力。

在轴力 N 和弯矩 M 作用下的柱子平面外弯曲屈曲和弯扭屈曲临界力 $N_{y,\mathrm{cr}}$ 和 M_{cr} 分别如式(4.7)和式(4.8)所示,式(4.9)给出了 Dunkerley 准则的无量纲公式。

$$N_{y,\mathrm{cr}} = \frac{\pi^2 EI_y}{L^2} \tag{4.7}$$

$$M_{\mathrm{cr}} = \pm \sqrt{\frac{\pi^2 EI_y}{L^2}} \sqrt{GI_{\mathrm{k}} + \frac{\pi^2 EI_{\omega}}{L^2}} \tag{4.8}$$

$$\frac{N}{N_{y,\mathrm{cr}}} + \frac{M}{M_{\mathrm{cr}}} = 1 \tag{4.9}$$

式中,EI_y、EI_{ω} 和 GI_{k} 分别为 H 形截面的绕 y 轴弯曲刚度、翘曲扭转刚度和自由扭转刚度。

式(4.10)给出了图 4.2 所示压弯柱平面外弯扭屈曲临界力的精确解。

$$\left(1 - \frac{N}{N_{y,\mathrm{cr}}}\right)\left(1 - \frac{N}{N_{\theta,\mathrm{cr}}}\right) - \frac{M^2}{M_{\mathrm{cr}}^2} = 0 \tag{4.10}$$

式中,$N_{\theta,\mathrm{cr}}$ 为式(4.5)所示的柱子翘曲扭转临界力。

可以绘出 $N/N_{y,\mathrm{cr}}$ 和 M/M_{cr} 的相关曲线,如图 4.3 所示。式(4.10)所示精确解为双曲

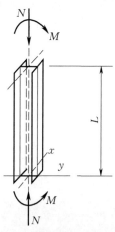

**图 4.2　多荷载压弯柱的
平面外弯扭屈曲临界力**

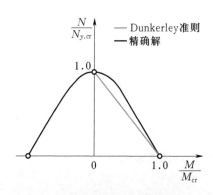

**图 4.3　压弯柱平面外弯扭屈曲临界力
的 Dunkerley 准则和精确解**

线,而式(4.9)所示 Dunkerley 准则为直线。由图 4.3 可知,Dunkerley 准则偏于安全。当 $N_{\theta,\text{cr}} = \infty$ 时,式(4.10)所示精确解相关曲线为抛物线;当 $N_{\theta,\text{cr}} = N_{y,\text{cr}}$ 时,精确解退化为直线,与 Dunkerley 结果相同。

当压弯柱为偏心受压时(偏心 e),记 $M = Ne$,Dunkerley 准则的无量纲公式(4.9)可以转化为标准的倒数形式:

$$\frac{1}{N_{\text{cr}}} = \frac{1}{N_{y,\text{cr}}} + \frac{1}{\frac{1}{e}M_{\text{cr}}} \tag{4.11}$$

4.3　Föppl-Papkovich 准则

福贝尔-帕普科维奇(Föppl-Papkovich)准则可表示为:包含 n 个刚度的多刚度弹性结构系统,假定除第 i 个刚度外其余刚度均无穷大,由此得到结构对应的屈曲荷载参数 λ_i,可按此得到 λ_1 至 λ_n,则结构系统屈曲荷载参数 λ_0 的倒数近似等于各 λ_i 之和,即:

$$\frac{1}{\lambda_0} \approx \sum_{i=1}^{n} \lambda_i \tag{4.12}$$

考虑图 4.4 所示跨中有一个侧向支撑的轴心受压柱,假定长度为 l,一段的弯曲刚度无穷大而另一段刚度不变,λ_1 与 λ_2 分别如式(4.13)和式(4.14)所示,根据 Föppl-Papkovich 准则可以得到式(4.15)所示的屈曲临界力,其与精确解非常接近。

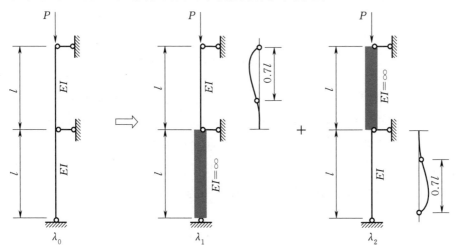

图 4.4　多刚度轴心压杆弯曲屈曲临界力

$$\lambda_1 = P_{1,\text{cr}} = \frac{\pi^2 EI}{(0.7l)^2} \tag{4.13}$$

$$\lambda_2 = P_{2,\text{cr}} = \frac{\pi^2 EI}{(0.7l)^2} \tag{4.14}$$

$$\lambda_0 = P_{cr} = \frac{1}{\frac{1}{\lambda_1} + \frac{1}{\lambda_2}} = \frac{0.98\pi^2 EI}{l^2} \tag{4.15}$$

如果图 4.4 所示轴心受压柱的跨中有两道支撑,因为上下两段刚度无穷大而中间段刚度正常时计算长度系数为 0.5,按照 Föppl-Papkovich 准则可知屈曲临界力 $\lambda_0 = P_{cr} = 1.25\pi^2$ EI/l^2,由此可见分段越多误差越大。

图 4.5 所示桁架柱由两端铰接的二力杆组成,即桁架柱的弦杆和斜杆弯曲刚度无穷大,仅考虑其轴向刚度。桁架柱在轴力 N 作用下发生屈曲。

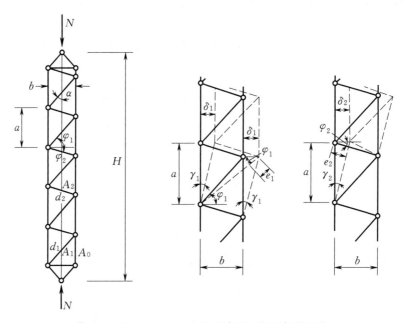

图 4.5 Föppl-Papkovich 准则应用于桁架柱的屈曲

桁架柱的弯曲刚度取决于桁架柱弦杆和腹杆的轴向刚度。当腹杆轴向刚度无穷大时,桁架柱截面是由相距 b 的两弦杆 A_0 构成的整体截面,桁架横截面剪切刚度无穷大,弯曲惯性矩 $I_0 = A_0 b^2 / 2$,柱发生欧拉屈曲,临界力 N_E 如式(4.16)所示,其中 $A = 2A_0, \lambda = H/(b/2)$。当弦杆轴向刚度无穷大时,弦杆只能发生因腹杆伸长或缩短导致的剪切屈曲,根据 Föppl-Papkovich 准则,弦杆的临界力 N_S 可以表示为式(4.17)。

$$N_E = \frac{\pi^2 EI_0}{H^2} = \frac{\pi^2 EA}{\lambda^2} \tag{4.16}$$

$$\frac{1}{N_{cr}} \approx \frac{1}{N_E} + \frac{1}{N_S} \tag{4.17}$$

N_S 又取决于腹杆 EA_1 和 EA_2。进一步应用 Föppl-Papkovich 准则,分别假定 EA_2 和 EA_1 无穷大,可以求得 N_{S1}、N_{S2},存在:

$$\frac{1}{N_S} \approx \frac{1}{N_{S1}} + \frac{1}{N_{S2}} \tag{4.18}$$

考虑图 4.5 的桁架一个节间因腹杆 A_1 伸长 e_1 而发生剪切变形 δ_1，剪切角为 γ_1，存在如式(4.19)和式(4.20)所示关系：

$$\delta_1 = a\gamma_1 \tag{4.19}$$

$$e_1 = \delta_1 \cos\phi_1 = a\gamma_1 \cos\phi_1 \tag{4.20}$$

节间的总势能可表示为：

$$\Pi = U - W_e \tag{4.21}$$

另有：

$$U = \frac{1}{2}\frac{EA_1}{d_1}e_1^2 = \frac{1}{2}\frac{EA_1}{d_1}a^2\gamma_1^2\cos^2\phi_1 \tag{4.22}$$

$$W_e = N_1 a \frac{\gamma_1^2}{2} \tag{4.23}$$

式中，N_1 是产生剪切变形 δ_1 所对应的轴力。根据总势能驻值原理得到屈曲临界力，如式(4.24)所示：

$$N_{S1} = EA_1 \frac{a}{b}\cos^3\phi_1 \tag{4.24}$$

同样可得：

$$N_{S2} = EA_2 \frac{a}{b}\cos^3\phi_2 \tag{4.25}$$

令 $\phi_1 = \phi_2 = \phi$，$A_1 = A_2$，$\tan\phi_1 = a/(2b)$，代入式(4.24)和式(4.25)，然后代入式(4.18)，可得：

$$N_{S1} = 2EA_1\sin\phi_1\cos^2\phi_1 = 2EA_1\cos\alpha\,\sin^2\alpha \tag{4.26}$$

$$N_S = EA_1\cos\alpha\,\sin^2\alpha \tag{4.27}$$

将式(4.16)和式(4.27)代入式(4.17)，可得桁架柱的弯曲失稳屈曲临界力。

$$\frac{1}{N_{cr}} \approx \frac{1}{N_E} + \frac{1}{N_S} = \frac{1}{\frac{\pi^2 EA}{\lambda^2}} + \frac{1}{EA_1\cos\alpha\,\sin^2\alpha} \tag{4.28}$$

$$N_{cr} = \frac{\pi^2 EA}{\lambda^2}\frac{1}{1+\frac{\pi^2 EA}{\lambda^2}\frac{1}{EA_1\sin^2\alpha\cos\alpha}} = \frac{\pi^2 EA}{\lambda_0^2} \tag{4.29}$$

$$\lambda_0 = \sqrt{\lambda^2 + \frac{\pi^2}{\sin^2\alpha\cos\alpha}\frac{A}{A_1}} \approx \sqrt{\lambda^2 + 27\frac{A}{A_1}} \tag{4.30}$$

不难看出，式(4.30)中的 λ_0 就是钢结构轴心受压缀条格构柱的换算长细比公式。

第5章 后屈曲阶段屈曲模态的相互作用

5.1 屈曲模态相互作用现象

  复杂结构体系的失稳可能是组成结构的部分单元发生局部失稳,也可能是结构整体发生失稳。当结构体系中部分单元发生失稳时,会降低结构的整体刚度,导致结构整体稳定承载力降低;当结构因整体失稳发生较大变形时,会增加部分单元的受力,从而导致部分单元局部稳定承载力降低。这类现象称为结构整体屈曲模态和局部屈曲模态的相互作用。

  结构的整体失稳和局部失稳模态一般是互为正交的。由前面章节关于结构分支型失稳的计算分析中可知,结构屈曲临界力和屈曲模态是在结构初始位形基础上求解的,即通过线性方程特征值分析计算得到的,由此求解得到的结构临界屈曲模态相互独立,不存在模态的相互作用。当考虑了结构的变形及其对结构平衡状态的影响,即结构的几何非线性后,才能分析结构屈曲模态的相互作用。因此,结构屈曲模态的相互作用是指结构后屈曲阶段的相互作用。

  当结构的整体屈曲临界力和局部屈曲临界力非常接近时,会发生后屈曲阶段屈曲模态的相互作用。由于这一相互作用效应,结构的初始后屈曲性能会发生变化,很多情况下稳定的或中性的后屈曲性能会转变为不稳定的后屈曲性能。这时,缺陷对结构稳定承载力也会变得最敏感。所以,在结构稳定设计时一定要避免使整体稳定承载力约等于局部稳定承载力这样的"优化"设计。

5.2 桁架柱整体和局部屈曲模态的相互作用

  图 5.1 所示为由两端铰接的压弯构件组成的桁架柱。在轴力 P 作用下,桁架柱可能发生整体弯曲失稳,屈曲临界力为 P_E;也可能发生节间弦杆的局部弯曲失稳,弦杆屈曲临界力为 S_{cr},这时屈曲荷载 $P_1 = 2S_{cr}$。

1. 无初始缺陷的理想桁架

  若桁架柱首先发生整体弯曲屈曲,即 $P_E < P_1$,则屈曲后桁架柱的整体弯曲挠曲线可写为:

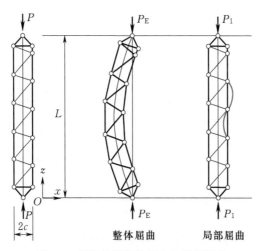

图 5.1　桁架柱的整体屈曲和局部屈曲

$$\delta = \delta_{\mathrm{m}} \sin \frac{\pi}{L} z \tag{5.1}$$

式中，δ_{m} 为桁架柱跨中最大弯曲变形值。

桁架柱在整体屈曲后的变形过程中外荷载 P_{E} 维持不变，跨中弦杆所受轴力 S 可写为：

$$S = \frac{P_{\mathrm{E}}}{2} + \frac{P_{\mathrm{E}} \delta_{\mathrm{m}}}{2c} = \frac{P_{\mathrm{E}}}{2} \left(1 + \frac{\delta_{\mathrm{m}}}{c} \right) \tag{5.2}$$

显然，S 随 δ_{m} 的增大而增大，当 $S = S_{\mathrm{cr}}$ 时，$\delta_{\mathrm{m}} = \delta_{\mathrm{mcr}}$，弦杆发生节间的局部弯曲屈曲，这时存在式(5.3)：

$$S_{\mathrm{cr}} = \frac{P_{\mathrm{E}}}{2} \left(1 + \frac{\delta_{\mathrm{mcr}}}{c} \right) \tag{5.3}$$

弦杆节间局部屈曲后，桁架柱整体弯曲挠度继续增大（$\delta_{\mathrm{m}} > \delta_{\mathrm{mcr}}$）而节间弦杆内力 S_{cr} 保持不变，但外荷载 P 必须随之变化以满足式(5.2)，即：

$$\begin{cases} S = S_{\mathrm{cr}} = \dfrac{P}{2} \left(1 + \dfrac{\delta_{\mathrm{m}}}{c} \right) \\[3mm] \dfrac{P}{P_{\mathrm{E}}} = \dfrac{\dfrac{2 S_{\mathrm{cr}}}{P_{\mathrm{E}}}}{1 + \dfrac{\delta_{\mathrm{m}}}{c}} = \dfrac{\dfrac{P_1}{P_{\mathrm{E}}}}{1 + \dfrac{\delta_{\mathrm{m}}}{c}} \end{cases} \tag{5.4}$$

由式(5.4)可见，节间弦杆屈曲后，外荷载 P 随桁架弯曲变形 δ_{m} 的增大而减小。式(5.2)、式(5.3)和式(5.4)所表示的（$P - \delta_{\mathrm{m}}$）关系如图 5.2(a)所示。

如果首先发生节间弦杆的局部屈曲，即 $P_1 < P_{\mathrm{E}}$，当荷载 P 逐渐增加至节间弦杆屈曲，即 $P = P_1$ 时，桁架发生弦杆的节间局部弯曲屈曲，随之发生整体弯曲变形 δ（跨中为 δ_{m}），弦杆轴力维持不变，$S = S_{\mathrm{cr}}$，式(5.4)成立，荷载位移平衡路径（$P - \delta_{\mathrm{m}}$）如图 5.2(b)所示。

不同 P_1 / P_{E} 值下的轴心受压桁架柱的荷载位移平衡路径（$P / P_{\mathrm{E}} - \delta_{\mathrm{m}} / c$）关系曲线如图 5.2(c)所示。由图 5.2 可知，当先发生桁架整体弯曲屈曲时，桁架柱的屈曲后性能是中性

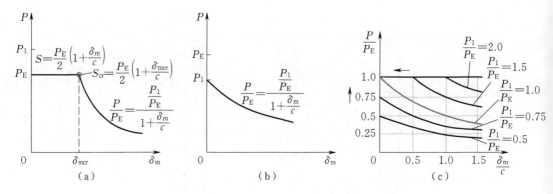

图 5.2　理想桁架柱整体弯曲和弦杆局部弯曲屈曲模态的相互作用

的;当先发生弦杆局部弯曲屈曲时,桁架柱的屈曲后性能是不稳定的。当桁架柱整体屈曲临界值和弦杆节间局部屈曲临界值非常接近时,发生屈曲模式的相互作用,使桁架柱具有不稳定的后屈曲性能。

2. 有整体初始缺陷的桁架

桁架柱整体初始缺陷假定为沿柱身正弦半波分布,即:

$$\delta_0 = \delta_{m0} \sin \frac{\pi}{L} z \tag{5.5}$$

由式(3.18)和式(3.19)可得桁架柱的$(P - \delta_m)$平衡路径为:

$$\begin{cases} \delta_m = \dfrac{\delta_{m0}}{1 - \dfrac{P}{P_E}} \\[4ex] \dfrac{P}{P_E} = 1 - \dfrac{\dfrac{\delta_{m0}}{c}}{\dfrac{\delta_m}{c}} \end{cases} \tag{5.6}$$

式(5.6)在$S \leqslant S_{cr}$前成立。在$S = S_{cr}$后,桁架柱继续变形,其平衡路径为式(5.4)。由此可以绘出P_1/P_E值分别为2.0、1.0和0.5时带缺陷桁架柱的平衡路径,如图5.3所示。

当式(5.4)中$\delta_m = \delta_{m0}/(1 - P/P_E)$时,是荷载位移平衡路径由式(5.6)转至式(5.4)的交点,也是荷载最大值P_{max}对应的点,由式(5.4)可得:

$$\frac{P_1}{P_E} = \frac{P_{max}}{P_E} \left[1 + \frac{\delta_{m0}}{c\left(1 - \dfrac{P_{max}}{P_E}\right)} \right] \tag{5.7}$$

求解式(5.7)可得桁架柱整体初始缺陷δ_{m0}对其极限承载力P_{max}的影响,如图5.4所示。由图5.4可知,桁架柱屈曲模式的相互作用使桁架柱成为缺陷敏感型结构。

3. 有弦杆局部初始缺陷的桁架

若桁架柱节间弦杆存在正弦半波分布的局部初始缺陷,如图5.5所示,则节间弦杆受压后的弯曲变形可以写为式(5.8):

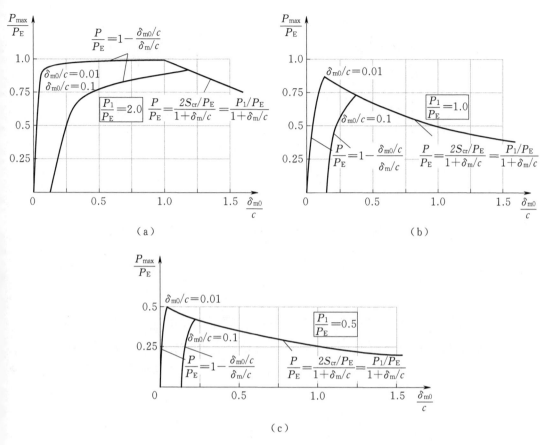

图 5.3　带缺陷桁架柱整体弯曲和弦杆局部弯曲屈曲模态的相互作用

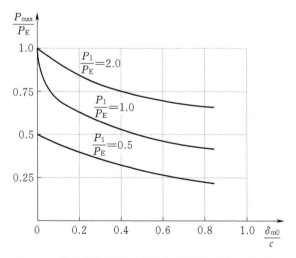

图 5.4　带整体初始缺陷的桁架柱的初始缺陷敏感性

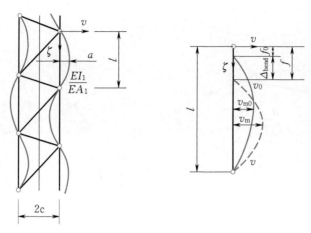

图 5.5　带局部缺陷的桁架柱节间弦杆变形

$$
\begin{cases}
v_0 = v_{m0} \sin \dfrac{\pi}{l} \zeta \\[2mm]
v = v_m \sin \dfrac{\pi}{l} \zeta = \dfrac{v_{m0}}{1 - S/S_{cr}} \sin \dfrac{\pi}{l} \zeta = \dfrac{v_{m0}}{1 - P/P_1} \sin \dfrac{\pi}{l} \zeta
\end{cases}
\tag{5.8}
$$

由于弦杆节间局部初始挠度 v_0 的存在,弦杆中轴线长度不变,沿局部坐标轴 ζ 缩短了 f_0。受压进一步弯曲变形后,总挠度 v 使得弦杆缩短 f。弦杆弯曲变形导致的弦杆轴向缩短量 Δ_{bend} 可写为:

$$
\begin{aligned}
\Delta_{bend} &= f - f_0 = \frac{1}{2} \int_0^l (v')^2 \, d\zeta - \frac{1}{2} \int_0^l (v'_0)^2 \, d\zeta = \frac{\pi^2}{4l}(v_m^2 - v_{m0}^2) \\
&= \frac{\pi^2 v_{m0}^2}{4l} \left[\left(\frac{1}{1 - P/P_1} \right)^2 - 1 \right] = \frac{\pi^2 v_{m0}^2}{4l} \frac{2P/P_1 - P^2/P_1^2}{1 - 2P/P_1 + P^2/P_1^2}
\end{aligned}
\tag{5.9}
$$

而节间弦杆由于受压导致的轴向缩短量 Δ_{compr} 为:

$$
\Delta_{compr} = \frac{Sl}{EA_1} = \frac{Pl}{2EA_1}
\tag{5.10}
$$

弦杆轴力 P 作用下的总缩短量 Δ 为:

$$
\Delta = \Delta_{bend} + \Delta_{compr}
\tag{5.11}
$$

节间受压弦杆的轴向刚度由理想直杆的 EA_1 转变为有初始挠度的 T_1:

$$
T_1 = \frac{P/2}{\Delta/l} = \frac{1}{\dfrac{\pi^2 v_{m0}^2}{2l^2} \dfrac{2/P_1 - P/P_1^2}{1 - 2P/P_1 + P^2/P_1^2} + \dfrac{1}{EA_1}}
\tag{5.12}
$$

具有弦杆节间局部初始缺陷的桁架柱整体弯曲刚度 EI_{v_0} 和分支型屈曲承载力 P_{v_0} 可分别写为(5.13)和式(5.14),注意到式(5.13)中近似假定桁架柱横截面剪切刚度无穷大。

$$
EI_{v_0} = 2c^2 T_1
\tag{5.13}
$$

$$
P_{v_0} = \frac{\pi^2 EI_{v_0}}{l^2} = \frac{2c^2 \pi^2}{l^2} \frac{1}{\dfrac{\pi^2 v_{m0}^2}{2l^2} \dfrac{2/P_1 - P_{v_0}/P_1^2}{1 - 2P_{v_0}/P_1 + P_{v_0}^2/P_1^2} + \dfrac{1}{EA_1}}
\tag{5.14}
$$

引入: $\lambda_1 = \sqrt{I_1/A_1}$, $S_{cr} = P_1 = \pi^2 EI_1/l^2$, $P_E = \pi^2 EI_0/l^2 = 2\pi^2 Ec^2 A_1/l^2$,可得:

$$\frac{1}{2}\frac{v_0^2}{\lambda_1^2}\frac{P_{v_0}}{P_1}\left(2-\frac{P_{v_0}}{P_1}\right) = 2\frac{P_E}{P_1}\left(1-\frac{P_{v_0}}{P_1}\right)^2 - 2\frac{P_{v_0}}{P_1}\left(1-\frac{P_{v_0}}{P_1}\right)^2 \tag{5.15}$$

可以绘出关于不同弦杆节间局部初始缺陷值 v_{m0}/λ 的桁架柱的 P_{v_0}/P_1 和 P_E/P_1 关系曲线,如图 5.6 所示。

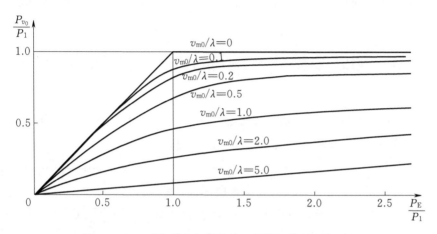

图 5.6 不同弦杆节间初始缺陷下的桁架柱屈曲临界力

当桁架柱轴力 P 达到 P_{v_0} 时,具有弦杆节间局部初始缺陷的桁架柱发生分支型屈曲。随着整体弯曲挠度 δ_m 的增加,一侧弦杆轴力 S 增大[式(5.2)],轴向刚度 T_1 随 S 的增大而减小,如式(5.12)所示(式中, $S = P/2$)。而 T_1 的减小又使得式(5.12)所表示的桁架柱整体弯曲刚度也随之减小,桁架柱轴力无法维持在 P_{v_0} ,必须同步下降。因此,具有弦杆节间局部初始缺陷的桁架柱,当施加桁架柱轴力 P 至 P_{v_0} 时,发生分支型失稳而产生整体弯曲变形 δ ,这时 P 必须随 δ 的增加而减小才能维持平衡状态。

综上关于无缺陷理想桁架柱、具有整体初始缺陷桁架栓、具有弦杆节间局部初始缺陷桁架柱的分析,可以得到下述结论:

(1)桁架柱的整体屈曲和弦杆局部屈曲模态相互正交、互不影响。

(2)桁架柱的整体初始缺陷 v_0 会将桁架柱由分支型屈曲改变为极限型失稳,稳定极限承载力 P_{max} 小于屈曲临界力 P_{cr} 并随 v_{m0} 的增大而降低。

(3)桁架柱中弦杆节间的局部初始缺陷 v_0 会降低弦杆的轴向刚度,并因此而降低桁架柱的屈曲临界力 P_{v_0} , P_{v_0} 随 v_{m0} 的增大而减小。

(4)当桁架柱的整体弯曲屈曲临界力 P_E 和弦杆局部弯曲屈曲临界力 P_1 接近时,桁架柱的屈曲后性能是不稳定的,即后屈曲荷载位移平衡路径是下降的。同时,桁架柱也成为缺陷敏感型结构,即结构的极限稳定承载力或屈曲临界力随缺陷的增大而明显下降。

如果错误地把图 5.1 所示桁架柱的刚度理解为整体弯曲刚度和弦杆局部弯曲刚度,那么按照 Föppl-Papkovich 准则,具有组合刚度的桁架柱的屈曲荷载 $P_{cr,complex}$ 可由式(5.16)表

示,对应的桁架柱的换算长细比可写为式(5.17):

$$\frac{1}{P_{cr,complex}} = \frac{1}{P_E} + \frac{1}{P_1} \tag{5.16}$$

$$\lambda_{complex} = \sqrt{\lambda_E + \lambda_1} \tag{5.17}$$

注意到式(5.17)正好是钢结构轴心受压缀板格构柱的设计公式,虽然这里错误地引用了 Föppl-Papkovich 准则,但所得到的结果在一定程度上反映了弦杆屈曲对桁架柱整体屈曲的影响。

5.3　加劲板整体和局部屈曲模态的相互作用

如图 5.7 所示为长度 L 的两端铰接轴心受压带肋板,板的整体弯曲性能等同于截面宽度和高度分别为 b 和 h,面积和惯矩分别为 A_0 和 I_0 的 T 形柱。

带肋板在荷载 P_E 作用下会发生整体弯曲屈曲,相当于 T 形截面柱在腹板(肋)平面内的弯曲失稳,P_E 表达式如式(5.18)所示,屈曲后性能为中性,如图 5.8(a)所示。

$$P_E = \frac{\pi^2 E I_0}{L^2} \tag{5.18}$$

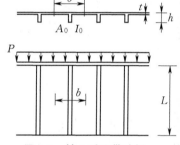

图 5.7　轴心受压带肋板

在荷载 P_1 和板中面应力 σ_{cr} 下两肋之间板件会发生局部屈曲,根据相关文献,屈曲波长 $l = 0.65b$,取 $v = 0.25$ 可得屈曲应力,如式(5.19)所示。两对边简支两对边嵌固的矩形板屈曲后性能是稳定的,由式(3.21)可见其后屈曲平衡路径可写为式(5.20),图 5.8(b)给出了板件局部屈曲后的平衡路径,a 为矩形板屈曲后的面外挠度最大值,矩形板件系数根据相关文献取为 $c_1 = 0.3$。

$$\sigma_{cr} = 7 \frac{\pi^2 E}{12(1-v^2)} \left(\frac{t}{b}\right)^2 = 6.14E\left(\frac{t}{b}\right)^2 \tag{5.19}$$

$$\frac{\sigma}{\sigma_{cr}} = 1 + c_1\left(\frac{a}{t}\right)^2 \approx 1 + 0.3\left(\frac{a}{t}\right)^2 \tag{5.20}$$

板件局部屈曲后,一个屈曲波长范围内的板件局部屈曲后的挠曲函数可写为式(5.21),如图 5.9 所示。图 5.9 中,$f(y)$ 为板件弯曲引起的板面内纤维缩短。

$$\xi(x,y) = a\left(\frac{1}{2} - \frac{1}{2}\cos\frac{2\pi}{b}y\right)\sin\frac{\pi}{l}x \tag{5.21}$$

若板件在压应力 σ 作用下面内变形纤维缩短 $\varepsilon = \sigma/E$,板件弯曲变形引起平均纤维缩短 $f_1 = 2.20a^2/b^2$,则板件面内总压缩变形为:

$$\Delta = \frac{\sigma}{E} + f_1 = \frac{\sigma}{E} + 2.20\frac{a^2}{b^2} \tag{5.22}$$

板件屈曲时压缩变形 $\Delta_{cr} = \sigma_{cr}/E$,将其代入式(5.22)并引入式(5.19)和式(5.20),得:

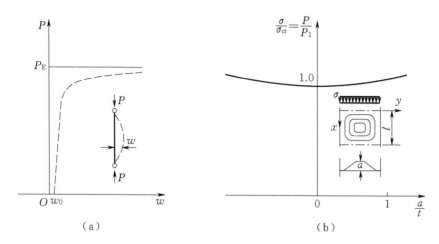

图 5.8　带肋板整体屈曲与板件局部屈曲

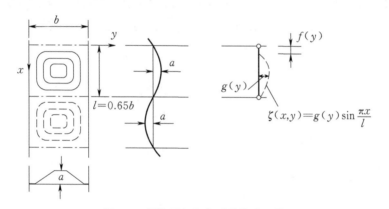

图 5.9　板件局部屈曲后的挠曲函数

$$\frac{\Delta}{\Delta_{cr}} = \frac{\sigma}{\sigma_{cr}} + 1.21 \left(\frac{\sigma}{\sigma_{cr}} - 1 \right) = 2.21 \frac{\sigma}{\sigma_{cr}} - 1.21 \qquad (5.23)$$

$$\frac{\sigma}{\sigma_{cr}} = 0.55 + 0.45 \frac{\Delta}{\Delta_{cr}} \qquad (5.24)$$

板件屈曲前存在：

$$\frac{\sigma}{\sigma_{cr}} = \frac{\Delta}{\Delta_{cr}} \qquad (5.25)$$

将式(5.24)和式(5.25)列于图 5.10(a)中,由图可见,板件屈曲后板面内刚度相对于屈曲前刚度折减了 0.45。这样,可将这一折减系数等效表示为图 5.7 中宽度为 b 的 T 形截面构件,在板件屈曲后宽度由 b 折减为 $0.45b$,如图 5.10(b)所示。

板件局部屈曲前,宽度为 b 的 T 形截面的形心为点 C,板件整体弯曲屈曲承载力如式(5.18)所示。当板件局部屈曲后,宽度折减为 $0.45b$,截面折减为图 5.10(b)中阴影部分截面,形心偏移 e^* 成为点 C^*,弯曲刚度折减为 EI^*,折减后 T 形截面柱的整体弯曲屈曲承载力为:

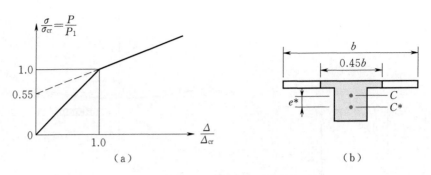

图 5.10　板屈曲前后板面内刚度的折减

$$P^* = \frac{\pi^2 EI^*}{L^2} \tag{5.26}$$

当 $P_E < P_1$ 时,带肋板(T 形截面柱)发生整体弯曲失稳,屈曲后性能是中性的,即荷载可以维持不变。假定弯曲失稳的方向使得板件压应力增大,当板件压应力随变形增加至 S_{cr} 时,板件局部屈曲,T 形截面的刚度由 EI_0 折减至 EI^*,外荷载随变形下降至 P^*。如图 5.11(a)所示。

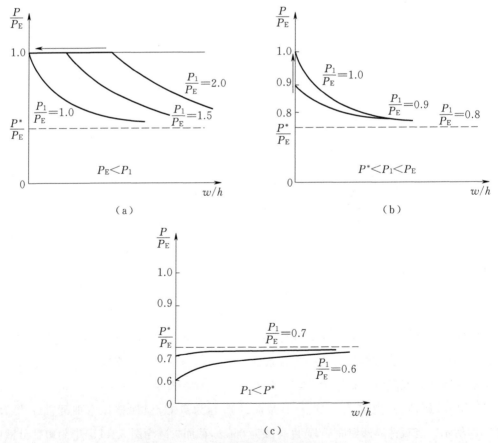

图 5.11　带肋板的荷载-位移平衡路径

当 $P^*<P_1<P_E$ 时,荷载增大至 P_1,板件首先发生局部屈曲,T 形截面刚度由 EI_0 折减至 EI^*,形心自点 C 转移至点 C^* 而发生整体弯曲变形。因为 $P^*<P_1$,所以荷载随整体弯曲变形的增加而下降并趋于 P^*。如图 5.11(b)所示。

当 $P_1<P^*$ 时,荷载增大至 P_1,板件局部屈曲,T 形截面刚度折减至 EI^*,截面形心自点 C 迁移至点 C^* 并发生整体弯曲变形。因为 $P^*>P_1$,所以荷载可以随整体弯曲变形的增加趋于 P^*。如图 5.11(c)所示。

根据以上分析,对于可能发生整体弯曲屈曲(中性的后屈曲性能)和板件局部屈曲(稳定的后屈曲性能)带肋板,当 P_1/P_E 接近 1.0 时,因整体和局部屈曲模态的相互作用使得其后屈曲性能成为不稳定的,其稳定问题成为缺陷敏感型。

5.4　箱形截面柱整体和局部屈曲模态的相互作用

图 5.12(a)所示为轴心受压箱形截面柱以及由两个平行于弱轴 x 的翼缘组成的箱形截面简化模型。在荷载 P_E 下柱会发生绕弱轴 x 的弯曲屈曲,屈曲后性能是中性的;在荷载 P_1 下会发生板件的局部屈曲,板件屈曲应力为 σ_{cr},屈曲后性能是稳定的,如图 5.12(b)所示。

记翼缘板件面内轴压刚度为 T_0,对应的截面整体弯曲刚度为 $EI_0=2c^2T_0$,柱整体屈曲临界力为 P_E,如图 5.13(a)所示。当板件压应力达到 σ_{cr} 时发生局部屈曲,板件面内轴压刚度折减为 ηT_0,对应的截面整体弯曲刚度为 ηEI_0,这时柱整体屈曲临界力为 ηP_E,如图 5.13(b)

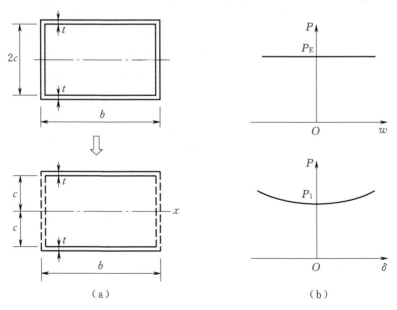

图 5.12　箱形截面和简化箱形截面

所示。先发生板件局部屈曲,再发生整体弯曲屈曲后,柱的弯曲会使一侧压力增加而使另一侧拉力增加,当拉力增加这侧的板件压应力小于 σ_{cr} 时,这侧板件的轴压刚度又恢复为 T_0,这时截面整体弯曲刚度由轴压刚度 T_0 的板件和轴压刚度 ηT_0 的板件组成,柱整体弯曲刚度可记为 EI_η,整体屈曲临界力可记为 P_η,如图 5.13(c)所示。显然,存在 $\eta P_E < P_\eta < P_E$。

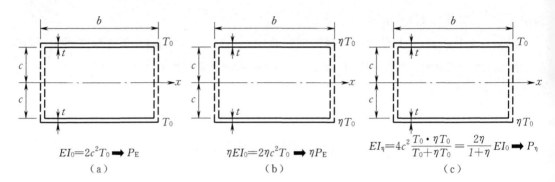

图 5.13　箱形截面简化模型的屈曲荷载

　　首先考虑 $P_E < P_1$ 的情况。当荷载达到 P_E 时,首先发生整体弯曲失稳,外荷载可以维持 P_E 不变。但当整体弯曲变形使一侧板件压应力随变形而增大至 σ_{cr} 时,这侧板件局部屈曲,板件面内轴压刚度折减为 ηT_0,柱承载力降低至 P_η。因此,随着柱弯曲变形的增大,平衡路径中荷载趋于 P_η,如图 5.14(a)所示。

　　其次考虑 $P_1 < P_E$ 的情况。当荷载达到 P_1 时,两侧板件首先发生局部屈曲,板件面内轴压刚度折减为 ηT_0,柱整体稳定承载力降低至 ηP_E。若 $\eta P_E < P_1$,则板件局部屈曲发生后立即发生柱的整体弯曲屈曲。但当整体弯曲变形使一侧板件受拉并使板件应力小于 σ_{cr} 时,柱承载力变为 P_η。因此,随着柱弯曲变形的增大,平衡路径中荷载趋于 P_η。若 $P_\eta < P_1$,则平衡路径下降趋于 P_η;若 $P_\eta > P_1$,则平衡路径增大趋于 P_η,如图 5.14(b)所示。若 $P_1 < \eta P_E$,则板件局部屈曲发生后,板件刚度折减后的柱仍然是稳定的,荷载可以继续增大至 ηP_E 而发生整体弯曲屈曲,并且初始屈曲后性能是中性的,直至弯曲变形使一侧受拉且应力小于

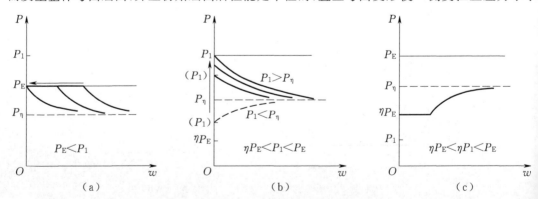

图 5.14　箱形截面简化模型的屈曲后平衡路径

σ_{cr}时,柱整体稳定承载力从 ηP_E 增大至 P_η,荷载位移平衡路径中荷载可以继续增大并趋于 P_η,如图 5.14(c)所示。

由图 5.14(a)和图 5.14(b)可知,当箱形截面柱的整体弯曲临界力 P_E 和板件局部屈曲临界力 P_l 接近时,屈曲模式的相互作用会导致箱形截面柱不稳定的屈曲后平衡路径。

第6章　铁木辛柯梁单元与夹层板理论

6.1　梁理论和梁单元的类型

梁单元是结构分析中最常用的单元形式,采用合适的梁单元进行结构体系分析至关重要。梁单元理论主要有欧拉-伯努利(Euler-Bernoulli)梁理论和铁木辛柯(Timoshenko)梁理论。

Euler-Bernoulli 梁理论假定截面的横向剪切刚度无穷大、认为横截面在变形前和变形后都垂直于中心轴,受弯曲的梁符合平截面假定,受弯扭的梁符合横截面形状不变假定。这些假设适用于细长梁的分析,但不适用于横向剪切不可以忽略的厚梁、复合材料夹层梁等。在采用 Euler-Bernoulli 梁理论的有限单元中,因为弯曲时截面转角是位移对构件纵轴的导数,单元的位移和转角都基于同一个位移插值函数。

结合 Euler-Bernoulli 梁理论和符拉索夫(Vlasov)薄壁杆件理论,可以推导得到适用于薄壁构件弯扭分析的有限单元理论,因为这一类单元中节点自由度会增加一个独立的扭转角,所以空间梁单元每节点是 7 个位移自由度。

将横向剪切变形加入 Euler-Bernoulli 梁模型就得出 Timoshenko 梁理论。在此理论中,因为截面存在横向剪切变形,所以截面弯曲后的转角由弯曲旋转角度和横向剪切角度组成,铁木辛柯梁单元的位移和转角如图 6.1 所示。近似的 Timoshenko 有限梁单元可以假定剪应变在一个给定横截面上是常值,仅通过引入横截面剪切校正因子来考虑剪切变形对构件整体刚度的影响,剪切校正因子与横截面形状有关,这类单元的位移和转角仍基于同一个位移函数。采用分别独立的位移插值函数和转角插值函数的有限梁单元为等参梁单元,其可以较准确地进行 Timoshenko 梁的分析计算,但一般需要采用较多的单元节点进行参数插值。

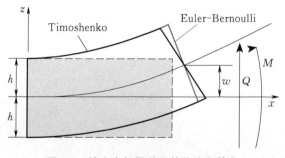

图 6.1　铁木辛柯梁单元的位移和转角

6.2　薄层夹心柱和铁木辛柯梁单元

图 6.2 所示为工程上常采用的夹芯板,夹芯板由上、下两个面层和中间夹芯层组成。夹芯层材料一般为各向同性或各向异性材料,其弹性模量远小于面层弹性模量。夹芯层理论的基本假定为:

(1) 面层关于芯层对称布置,忽略面层横向剪切刚度。

(2) 忽略夹芯层在板面内的刚度。

(3) 忽略夹芯层在厚度方向的变形。

(4) 夹芯层在厚度方向的剪切刚度有限。

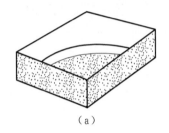 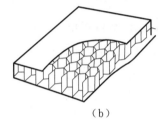

$$(a) \qquad\qquad (b)$$

图 6.2　夹芯板

图 6.3 所示为夹芯板受弯矩 M 作用时的符号约定。其中,面层厚度为 t,夹心层厚度为 c,夹心板宽度为 b,整体截面剪切角为 γ,夹芯层截面剪切角为 γ_c,弯曲产生的面层轴力为 N_l、弯矩为 $\dfrac{M_l}{2}$。

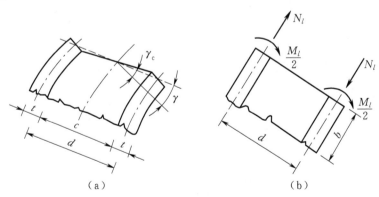

$$(a) \qquad\qquad (b)$$

图 6.3　夹芯板的受弯变形

图 6.3 中,夹芯板截面的弯曲刚度包含面层自身的弯曲刚度 D_l 和截面整体弯曲刚度 D_0,外弯矩由面层自身弯矩 M_l 和截面整体弯矩 M_0 抵抗。满足:

$$\begin{cases} M = M_l + M_0 \\ M_0 = N_l d \end{cases} \qquad (6.1)$$

$$\begin{cases} D = D_l + D_0 \\ D_0 = Ebtd^2/2 \end{cases} \tag{6.2}$$

式中，E 为面层材料弹性模量。

记夹芯层材料剪切模量为 G_c，则夹芯层剪切刚度为：

$$S = G_c bd^2/c \tag{6.3}$$

当面层很薄时，存在 $t \ll c$，$c \approx d$，$\gamma_c = \gamma$，$M_l = D_l = 0$。夹芯板退化到具有横向剪切变形的弯曲板，夹芯柱的弯曲问题退化为铁木辛柯梁单元问题。

6.3 薄面层夹芯柱的稳定问题

芯层的剪切刚度是有限的，必须考虑其剪切变形。构件弯曲时挠曲线的斜率 u' 由两部分组成：截面转角 $\chi(z)$ 和剪切角 $\gamma(z)$，夹芯柱的弯曲如图 6.4 所示，且满足式（6.4）所示关系。

$$\begin{cases} u' = \chi + \gamma \\ u = u_D + u_S \\ u_D{}' = \chi \\ u_S{}' = \gamma \end{cases} \tag{6.4}$$

截面剪力由剪应力沿截面积分得到，弯矩为面层弯曲产生的内力乘以间距：

$$V \approx G_c bd\gamma_c = S\gamma \tag{6.5}$$

$$M = M_0 = -\left(E\chi' \frac{d}{2} bt \right) d = -D_0 \chi' \tag{6.6}$$

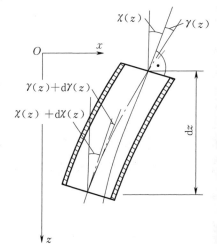

图 6.4 夹芯柱的弯曲

截面平衡方程可写为：

$$\begin{cases} -V' + q - (Nu')' = 0 \\ M' - V = 0 \end{cases} \tag{6.7}$$

$$\begin{cases} D_0 u_D^{\mathrm{N}} = q - [N(u'_D + u'_S)]' \\ S u_S = -D_0 u''_D \end{cases} \tag{6.8}$$

边界条件为：

$$\begin{cases} \text{刚接：} \quad u_D + u_S = 0,\ u'_D = 0 \\ \text{铰接：} \quad u_D + u_S = 0,\ u''_D = 0 \\ \text{自由：} \quad u'_S = 0,\quad u''_D = 0 \end{cases} \tag{6.9}$$

1. 两端简支受压夹芯柱的屈曲

图 6.5(a) 示意了两端简支的轴心受压夹芯柱，其边界条件为：

$$\begin{cases} u_D(0)+u_S(0)=0, & u''_D(0)=0 \\ u_D(H)+u_S(H)=0, & u''_D(H)=0 \end{cases} \tag{6.10}$$

假定夹芯柱的位移函数为如式(6.11)所示的三角函数,能满足式(6.10)所示的边界条件。

$$\begin{cases} u_{Dk}=A_k\sin\left(\dfrac{k\pi}{H}x\right) \\ u_{Sk}=-B_k\sin\left(\dfrac{k\pi}{H}x\right) \end{cases} \tag{6.11}$$

将式(6.11)代入式(6.8)所示平衡方程,经推导后可得:

$$B_k=\frac{D_0 k^2\pi^2}{S H^2}A_k \tag{6.12}$$

$$N_{cr,k}=(N_{0,k}^{-1}+S^{-1})^{-1} \tag{6.13}$$

式中,$k=1,2,\cdots$,A_k 待定。

$$N_{0,k}=k^2\frac{\pi^2 D_0}{H^2} \tag{6.14}$$

当 $k=1$ 时,得到最小的临界力,这时 N_0 和 N_{cr} 分别如式(6.15)和式(6.16)所示:

$$N_0=\frac{\pi^2 D_0}{H^2} \tag{6.15}$$

$$N_{cr,min}=(N_0^{-1}+S^{-1})^{-1} \tag{6.16}$$

2. 两端固定受压夹芯柱的屈曲

图 6.5(b)示意了两端固定的轴心受压夹芯柱,与两端简支受压夹芯柱的屈曲推导过程相同,最小临界力如式(6.17)所示:

$$\begin{cases} N_{cr,min}=(N_0^{-1}+S^{-1})^{-1} \\ N_0=\dfrac{\pi^2 D_0}{\left(\dfrac{H}{2}\right)^2} \end{cases} \tag{6.17}$$

3. 一端固定一端简支受压夹芯柱的屈曲

图 6.5(c)示意了一端固定一端简支的轴心受压夹芯柱、屈曲临界力如式(6.18)所示:

$$N_{cr}=\frac{\alpha^2 D_0}{1+\alpha^2\dfrac{D_0}{S}} \tag{6.18}$$

式中,α 为方程 $\left(1+\dfrac{D_0}{S}\alpha^2\right)\tan\alpha H=\alpha H$ 的根。

4. 悬臂受压夹芯柱的屈曲

图 6.5(d)示意了悬臂轴心受压夹芯柱、屈曲临界力如式(6.19)所示:

$$
\begin{cases}
N_{\mathrm{cr,min}} = (N_0^{-1} + S^{-1})^{-1} \\
N_0 = \dfrac{\pi^2 D_0}{(2H)^2}
\end{cases}
\tag{6.19}
$$

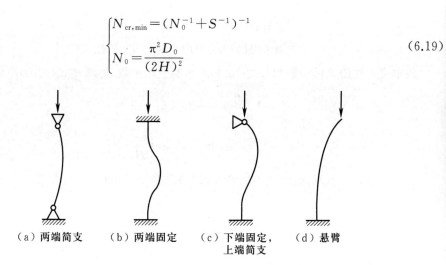

（a）两端简支　　（b）两端固定　　（c）下端固定，　　（d）悬臂
　　　　　　　　　　　　　　　　　　　上端简支

图 6.5　两端支座不同的轴心受压夹芯柱

第7章　薄壁构件的扭转

7.1　基本假定和符号设定

记构件长度为 L、横截面截面尺度为 d、截面板件厚度为 t，按照符拉索夫关于薄壁构件的尺寸限制，$d/L \leqslant 0.1$、$t/d \leqslant 0.1$ 的构件可称为薄壁构件。在进行薄壁构件分析时，可以横截面的中线代表截面，以构件的中面代表构件，如图 7.1 所示。

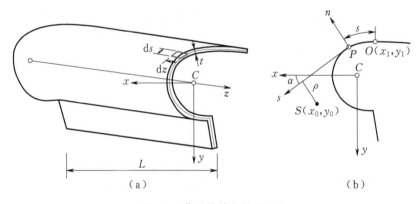

（a）　　　　　　　　　　　　　　　　　　　（b）

图 7.1　薄壁构件和符号设定

图 7.1 中，xyz 为构件整体坐标系，nsz 为构件截面上任意一点 P 的随动坐标系，整体坐标系和随动坐标系符合关于 z 轴的右手螺旋法则。点 $O(x_1,y_1)$ 为任选的截面起始点。点 C 为截面形心，点 $S(x_0,y_0)$ 为截面参考点。截面在整体坐标系中的位移可由点 S 沿 x、y、z 轴的位移 u、v、w 和截面绕点 S 的转角 θ 表示。截面任意点 P 在随动坐标系中的位移为 v_n、v_s 和 w。ρ 为点 S 至 s 轴的距离，当由点 S 到 s 轴的方向与 n 轴一致时为正，反之为负。

基本假定为：

（1）横截面形状不变，截面有翘曲、无畸变。

（2）构件中面内剪应变为零。

当构件仅受弯曲时，薄壁构件退化为符合平截面假定的 Euler-Bernolli 梁。

横截面形状不变的截面也称为刚周边截面，是指从构件纵轴 z 正向观察截面，截面的形状维持不变,但截面任意点 P 可能存在沿 z 向的变形 w,即截面发生了翘曲。当截面不符合刚周边假定时,称为截面发生了畸变,如截面板件之间的夹角发生了变化等,这时梁单元理论不再适用。

7.2　扇性坐标和主扇性坐标

截面任意点 P 沿随动坐标轴 s 的位移可以写为:

$$v_s = u\cos\alpha + v\sin\alpha + \rho\theta \tag{7.1}$$

构件中面上任意元素 $\mathrm{d}z\,\mathrm{d}s$ 的剪应变为:

$$\gamma = \frac{\partial w}{\partial s} + \frac{\partial v_s}{\partial z} \tag{7.2}$$

$$\frac{\partial w}{\partial s} = -\frac{\partial v_s}{\partial z} \tag{7.3}$$

$$w = \bar{w}_0 - u'\int_O^P \cos\alpha \cdot \mathrm{d}s - v'\int_O^P \sin\alpha \cdot \mathrm{d}s - \theta'\int_O^P \rho \cdot \mathrm{d}s \tag{7.4}$$

引入式(7.5),由式(7.4)可得式(7.6):

$$\omega = \int_O^P \rho \cdot \mathrm{d}s \tag{7.5}$$

$$w = w_0 - u'x - v'y - \theta'\omega \tag{7.6}$$

式中　w_0——积分常数,为截面形心点的纵向位移;

　　　$u',u'x$——截面绕 y 的转角以及因此导致点 P 沿 z 轴的纵向变形;

　　　$v',v'y$——截面绕 x 的转角以及因此导致点 P 沿 z 轴的纵向变形;

　　　x,y,ω——点 P 的 x,y 坐标和扇性坐标值。

扇性坐标的增量 $\mathrm{d}\omega$ 示意如图 7.2 所示。从 z 轴正向观察截面,当矢量 SP 逆时针转动时,ρ 和 $\mathrm{d}s$ 均为正,$\mathrm{d}\omega$ 也为正。

当起始点分别为 O 和 O_1 时,扇性坐标分别为 ω 和 ω_1,存在:

$$\int_O^P \rho \cdot \mathrm{d}s = \int_O^{O_1} \rho \cdot \mathrm{d}s + \int_{O_1}^P \rho \cdot \mathrm{d}s \tag{7.7}$$

$$\omega = \bar{\omega} + \omega_1 \tag{7.8}$$

选择合适的 O 点可使 $\int_S \omega \cdot t\,\mathrm{d}s = 0$,这样的扇性坐标 ω 称为主扇性坐标。显然,通过尝试假定不同的起始点 O 最终总是可以求解得到主扇性坐标,但这一方法事实上不可行。根据主扇性坐标的定义,由式(7.8)可以很容易地进行主扇性坐标的求解,如式(7.9)—式(7.11)所示。

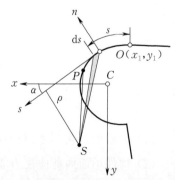

图 7.2　扇性坐标增量示意图

$$\int_S \omega \cdot t\,\mathrm{d}s = \int_S (\bar{\omega}+\omega_1)\cdot t\,\mathrm{d}s = \bar{\omega}A + \int_S \omega_1 \cdot t\,\mathrm{d}s = 0 \tag{7.9}$$

$$\bar{\omega} = -\frac{1}{A}\int_S \omega_1 \cdot t\,\mathrm{d}s = 0 \tag{7.10}$$

$$\omega = \omega_1 - \frac{1}{A}\int_S \omega_1 \cdot t\,\mathrm{d}s \tag{7.11}$$

式中　s——积分符的下标,表示沿全截面积分;

　　　A——截面面积。

任意选定一个起始点 O_1,由式(7.5)可得 ω_1 的分布,代入式(7.11)可直接得到主扇性坐标 ω 的分布。

7.3　构件的弯曲和截面的剪力中心

1. 弯曲时的正应力

由式(7.6)可得弯曲时截面任意点 P 沿 z 轴的变形为:

$$w = w_0 - u'x - v'y \tag{7.12}$$

式中,w_0 为截面形心点的纵向位移。

截面纵向的正应变和应力可推导如下:

$$\varepsilon = \frac{\partial w}{\partial z} = w'_0 - u''x - v''y \tag{7.13}$$

$$\sigma = E\varepsilon = Ew'_0 - Eu''x - Ev''y = -Eu''x - Ev''y \tag{7.14}$$

$$N = \int_S \sigma \cdot t\,\mathrm{d}s = -Eu''\int_S x \cdot t\,\mathrm{d}s - Ev''\int_S y \cdot t\,\mathrm{d}s = 0 \tag{7.15}$$

$$M_x = \int_S \sigma \cdot y \cdot t\,\mathrm{d}s = -Eu''\int_S xyt\,\mathrm{d}s - Ev''\int_S y^2 \cdot t\,\mathrm{d}s = -EI_{xy}u'' - EI_x v'' \tag{7.16}$$

$$M_y = \int_S \sigma \cdot x \cdot t\,\mathrm{d}s = -Eu''\int_S x^2 t\,\mathrm{d}s - Ev''\int_S xyt\,\mathrm{d}s = -EI_y u'' - EI_{xy}v'' \tag{7.17}$$

$$\sigma = \frac{(M_y I_x - M_x I_{xy})x + (M_x I_y - M_y I_{xy})y}{I_x I_y - I_{xy}^2} = \frac{I_y y - I_{xy}x}{I_x I_y - I_{xy}^2}M_x + \frac{I_x x - I_{xy}y}{I_x I_y - I_{xy}^2}M_y \tag{7.18}$$

构件弯曲时,截面中性轴上 $\sigma = 0$,由此得到中性轴方程为:

$$(M_y I_x - M_x I_{xy})x + (M_x I_y - M_y I_{xy})y = 0 \tag{7.19}$$

若 x 和 y 为截面主轴,则 $I_{xy} = 0$,由此可得到弯曲应力的表达式:

$$\sigma = \frac{M_x y}{I_x} + \frac{M_y x}{I_y} \tag{7.20}$$

2. 弯曲时的剪应力

假定剪应力沿壁厚均匀分布并与中面平行,壁厚随 s 变化但沿 z 轴不变。由图 7.3 所示微元体沿 z 轴的平衡条件可得:

$$\frac{\partial(\tau t)}{\partial s}+t\frac{\partial \sigma}{\partial z}=0 \tag{7.21}$$

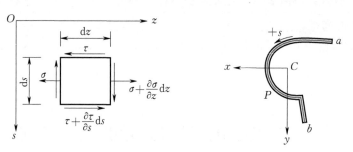

图 7.3 微元体沿 z 轴的平衡

截面上任意点 P 的剪力流 τt 为:

$$\tau t=-\int_{a}^{P}\frac{\partial \sigma}{\partial z}\cdot t\,\mathrm{d}s=\int_{b}^{P}\frac{\partial \sigma}{\partial z}\cdot t\,\mathrm{d}s \tag{7.22}$$

将式(7.18)代入式(7.22),经整理后可得:

$$\tau t=\frac{I_{y}S_{x}-I_{xy}S_{y}}{I_{x}I_{y}-I_{xy}^{2}}Q_{y}+\frac{I_{x}S_{y}-I_{xy}S_{x}}{I_{x}I_{y}-I_{xy}^{2}}Q_{x} \tag{7.23}$$

式(7.23)中,

$$S_{x}=\int_{P}^{b}y\cdot t\,\mathrm{d}s \tag{7.24}$$

$$S_{y}=\int_{P}^{b}x\cdot t\,\mathrm{d}s \tag{7.25}$$

3. 剪力中心

构件受弯时,截面上剪力流的合力可能不通过截面形心,而是通过截面上另一点 $S(x_{0},y_{0})$。相应地,横向外荷载也必须通过这个点才能维持平衡,使构件只发生弯曲而不发生扭转。这一特定的点 $S(x_{0},y_{0})$ 称为剪力中心,如图 7.4 所示。

图 7.4 中,ρ_{c} 为自形心 C 到 s 轴的距离,当自点 C 至 s 轴方向与 n 轴一致时为正,力矩逆时针为正。剪力中心点 S 的坐标可按下述过程求解。

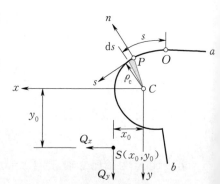

图 7.4 截面的剪力中心

整个截面上剪力流对任意点构成的力矩等于作用于剪力中心点 S 的截面剪力 Q_x 和 Q_y 对同一点所构成的力矩,当对应于形心 C 时,可表示为式(7.26):

$$Q_y x_0 - Q_x y_0 = \int_A^B \rho_c \tau t \, \mathrm{d}s \tag{7.26}$$

将式(7.23)代入式(7.26),可得:

$$Q_y x_0 - Q_x y_0 = \frac{I_y \int_A^B S_x \rho_c \mathrm{d}s - I_{xy} \int_A^B S_y \rho_c \mathrm{d}s}{I_x I_y - I_{xy}^2} Q_y + \frac{I_x \int_A^B S_y \rho_c \mathrm{d}s - I_{xy} \int_A^B S_x \rho_c \mathrm{d}s}{I_x I_y - I_{xy}^2} Q_x \tag{7.27}$$

式(7.27)中的两个积分通过运算可得:

$$\int_A^B S_x \rho_c \mathrm{d}s = \int_A^B S_x \mathrm{d}\omega_c = \left[S_x \omega_c \right] \Big|_A^B - \int_A^B \omega_c \mathrm{d}S_x = \int_A^B \omega_c y t \, \mathrm{d}s \tag{7.28}$$

$$\int_A^B S_y \rho_c \mathrm{d}s = \int_A^B S_y \mathrm{d}\omega_c = \left[S_y \omega_c \right] \Big|_A^B - \int_A^B \omega_c \mathrm{d}S_y = \int_A^B \omega_c x t \, \mathrm{d}s \tag{7.29}$$

定义:

$$I_{\omega y} = \int_A^B \omega_c y t \, \mathrm{d}s \tag{7.30}$$

$$I_{\omega x} = \int_A^B \omega_c x t \, \mathrm{d}s \tag{7.31}$$

代入式(7.27)可得:

$$Q_y x_0 - Q_x y_0 = \frac{I_y I_{\omega y} - I_{xy} I_{\omega x}}{I_x I_y - I_{xy}^2} Q_y + \frac{I_x I_{\omega x} - I_{xy} I_{\omega y}}{I_x I_y - I_{xy}^2} Q_x \tag{7.32}$$

截面剪力 Q_x 和 Q_y 相互独立,可以分别作用,则剪力中心点 S 的坐标表示为式(7.33):

$$\begin{cases} x_0 = \dfrac{I_y I_{\omega y} - I_{xy} I_{\omega x}}{I_x I_y - I_{xy}^2} \\ y_0 = \dfrac{I_x I_{\omega x} - I_{xy} I_{\omega y}}{I_x I_y - I_{xy}^2} \end{cases} \tag{7.33}$$

若 x、y 轴为截面形心主轴,则剪力中心坐标可简化为:

$$\begin{cases} x_0 = \dfrac{I_{\omega y}}{I_x} \\ y_0 = \dfrac{-I_{\omega x}}{I_y} \end{cases} \tag{7.34}$$

若截面为双轴对称截面,则 $I_{\omega x} = I_{\omega y} = 0$,$x_0 = y_0 = 0$,剪力中心在对称轴上。

图 7.5(a)所示为一宽为 b、高为 h 的槽形截面,形心为点 C,计算 ω_c 时的起始点为 O。截面的剪力中心点 S 在对称轴 x 上,即 $y_0 = 0$。图 7.5(b)绘出了 ω_c 沿截面的分布,图 7.5(c)绘出了 y 坐标沿截面的分布。采用图乘法很容易计算 $I_{\omega y}$,由式(7.34)可以求出截面的剪力中心坐标 $x_0 = (dh/3 + bd + b^2/2)/(b + h/6)$。

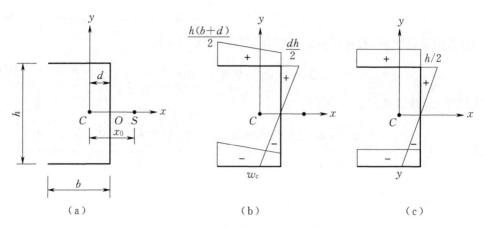

图 7.5 槽形截面的剪力中心计算图

7.4 构件的扭转和扭转应力

1. 扭转中心

由式(7.1)和式(7.6)可知,扭转时的位移可以表示为:

$$\begin{cases} v_s = \rho\theta \\ w = w_0 - \theta'\omega \end{cases} \tag{7.35}$$

扭转时,截面纵向纤维按扇性坐标的规律分布,不再符合平截面假定,截面发生了翘曲。

作用在剪力中心上的横向荷载不会引起截面扭转。根据相互性原理,作用在构件上的扭矩也不会引起剪力中心轴上任意点的横向位移。所以,构件的扭转中心就是其剪力中心 $S(x_0, y_0)$。在小挠度范围内,应用叠加原理,当构件同时承受弯曲和扭转时,剪力中心轴将发生挠曲,同时构件各截面绕此轴发生扭转。由此可见,$S(x_0, y_0)$ 是薄壁构件截面的参考点、剪力中心、扭转中心和弯曲中心。

2. 自由扭转和约束扭转

在两端一对扭矩 M_k 作用下,两端支承条件不限制端面的自由翘曲,这时,构件产生均匀扭转或自由扭转,自由扭转刚度为 GI_k,单位扭转角 θ' 沿纵轴不变,各截面产生相同的应力和翘曲,截面上只产生剪应力。自由扭转惯性矩 I_k 和自由扭转剪应力可表示为式(7.36):

$$\begin{cases} I_k = \dfrac{1}{3}\sum_{i=1}^{n} b_i t_i^3 \\[2mm] \tau_k = \dfrac{M_k t}{I_k} = Gt\theta' \\[2mm] M_k = GI_k\theta' \end{cases} \tag{7.36}$$

由式(7.36)可知,自由扭转剪应力是常数。对于开口薄壁截面而言,开口处剪力流为 0,所以自由扭转的剪应力分布如图 7.6(a)所示。

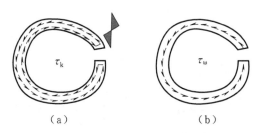

（a）　　　　　　　　　　（b）

图 7.6　自由扭转与约束扭转剪应力分布

当端部受到翘曲限制时,在构件扭转中,截面纵向纤维也将发生伸长或缩短。除自由扭转剪应力外,截面还将产生附加正应力和与之相应的附加剪应力。这类扭转称为约束扭转,附加的正应力和剪应力称为翘曲应力。

3. 翘曲应力和双力矩

约束扭转时,截面纵向应变和应力分别如式(7.37)和式(7.38)所示:

$$\varepsilon_\omega=\frac{\partial w}{\partial z}=w'-\theta''\omega \tag{7.37}$$

$$\sigma_\omega=E\varepsilon_\omega=Ew'-E\theta''\omega \tag{7.38}$$

式中,ω 是主扇性坐标。无轴向荷载时,$\sigma_\omega=-E\theta''\omega$。

翘曲正应力产生的弯矩如式(7.39)和式(7.40)所示:

$$M_x=\int_S\sigma_\omega yt\,\mathrm{d}s=-E\theta''\int_S\omega yt\,\mathrm{d}s=0 \tag{7.39}$$

$$M_y=\int_S\sigma_\omega xt\,\mathrm{d}s=-E\theta''\int_S\omega xt\,\mathrm{d}s=0 \tag{7.40}$$

根据图 7.7 中的截面几何关系,可证明(7.39)和式(7.40),如式(7.41)—式(7.44)所示:

$$\rho=\rho_c-x_0\sin\alpha+y_0\cos\alpha \tag{7.41}$$

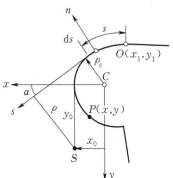

图 7.7　截面几何关系

$$\omega=\int_O^P\rho\,\mathrm{d}s=\int_O^P\rho_c\,\mathrm{d}s-x_0\int_O^P\mathrm{d}y+y_0\int_O^P\mathrm{d}x$$

$$=\omega_c-x_0(y-y_1)+y_0(x-x_1) \tag{7.42}$$

$$\int_S\omega yt\,\mathrm{d}s=\int_S\omega_c yt\,\mathrm{d}s-x_0\int_S y^2t\,\mathrm{d}s+x_0y_1\int_S yt\,\mathrm{d}s+y_0\int_S xyt\,\mathrm{d}s-y_0x_1\int_S yt\,\mathrm{d}s$$

$$=I_{\omega y}-x_0I_x+y_0I_{xy}=0 \tag{7.43}$$

$$\int_S\omega xt\,\mathrm{d}s=0 \tag{7.44}$$

所以,翘曲正应力是一组自相平衡的应力。

定义新的物理量双力矩 B_ω 和扇形惯性矩 I_ω,如式(7.45)和式(7.46)所示:

$$B_\omega = \int_S \sigma_\omega \omega t \, \mathrm{d}s = -E\theta'' \int_S \omega^2 t \, \mathrm{d}s = -E\theta'' I_\omega \tag{7.45}$$

$$I_\omega = \int_S \omega^2 t \, \mathrm{d}s \tag{7.46}$$

$$\sigma_\omega = \frac{B_\omega \omega}{I_\omega} \tag{7.47}$$

翘曲剪应力为:

$$\tau_\omega t = \int_B^P \frac{\partial \sigma_\omega}{\partial z} t \, \mathrm{d}s = -E\theta''' \int_P^B \omega t \, \mathrm{d}s = -E\theta''' S_\omega \tag{7.48}$$

式中,S_ω 为扇性面积矩。

$$S_\omega = \int_P^B \omega t \, \mathrm{d}s \tag{7.49}$$

构件的翘曲扭矩可推导如下:

$$M_\omega = \int_A^B \tau_\omega t \rho \, \mathrm{d}s = -E\theta''' \int_A^B S_\omega \rho \, \mathrm{d}s$$

$$= -E\theta'''\left[\left[S_\omega \omega \right] \Big|_A^B + \int_A^B \omega^2 t \, \mathrm{d}s \right] = -EI_\omega \theta''' = B'_\omega \tag{7.50}$$

$$\tau_\omega t = \frac{M_\omega S_\omega}{I_\omega} \tag{7.51}$$

可以证明,翘曲剪应力在 x、y 轴上的合力均为 0,即:

$$Q_y = \int_A^B \tau_\omega t \sin\alpha \, \mathrm{d}s = -E\theta''' \int_A^B S_\omega \, \mathrm{d}y = -E\theta'''\left[\left[S_\omega y \right]\Big|_A^B + \int_A^B \omega_y t \, \mathrm{d}s \right] = 0 \tag{7.52}$$

$$Q_x = 0 \tag{7.53}$$

表 7.1 给出了构件弯曲和扭转截面参数及应力计算公式的对照。

表 7.1 构件弯曲和扭转截面参数及应力计算公式对照表

	翘曲	弯曲	
		绕 x 轴	绕 y 轴
转角与位移	θ	v	u
单位扭转角与倾角	θ'	v'	u'
弯矩与双力矩	$B_\omega = -EI_\omega\theta''$	$M_x = -EI_x v''$	$M_y = -EI_y u''$
扭矩与剪力	$M_\omega = B'_\omega = -EI_\omega\theta'''$	$Q_y = M'_x = -EI_x v'''$	$Q_x = M'_y = -EI_y u'''$
主坐标	ω	y	x
惯性矩	$I_\omega = \int_S \omega^2 t \, \mathrm{d}s$	$I_x = \int_S y^2 t \, \mathrm{d}s$	$I_y = \int_S x^2 t \, \mathrm{d}s$
面积矩	$S_\omega = \int_P^B \omega t \, \mathrm{d}s$	$S_x = \int_P^B y t \, \mathrm{d}s$	$S_y = \int_P^B x t \, \mathrm{d}s$
正应力	$\sigma_\omega = \dfrac{B_\omega \omega}{I_\omega}$	$\sigma = \dfrac{M_x y}{I_x}$	$\sigma = \dfrac{M_y x}{I_y}$
剪应力	$\tau_\omega t = \dfrac{M_\omega S_\omega}{I_\omega}$	$\tau t = \dfrac{Q_y S_x}{I_x}$	$\tau t = \dfrac{Q_x S_y}{I_y}$

4. 约束扭转微分方程

构件外扭 M_z 转由截面约束扭转扭矩和自由扭转扭矩共同抵抗,即:

$$M_\omega + M_k = M_z \tag{7.54}$$

将式(7.36)和式(7.50)代入式(7.54),得:

$$\theta''' - \lambda^2 \theta' = -\frac{M_z}{EI_\omega} \tag{7.55}$$

式中,$\lambda^2 = GI_k/EI_\omega$。

微分方程式(7.55)的通解为:

$$\theta = C_1 + C_3 \cosh\lambda z + C_4 \sinh\lambda z + \frac{M_z z}{\lambda^2 EI_\omega} \tag{7.56}$$

$$\theta' = C_3 \lambda \sinh\lambda z + C_4 \lambda \cosh\lambda z + \frac{M_z z}{\lambda^2 EI_\omega} \tag{7.57}$$

$$B_\omega = -EI_\omega \theta'' = -\lambda^2 EI_\omega (C_3 \cosh\lambda z + C_4 \sinh\lambda z) \tag{7.58}$$

引入以下边界条件:

(1) 简支端(截面不能转动,但可翘曲):
$\theta = 0, B_\omega = 0$。

(2) 固定端(截面不能转动,不能翘曲):
$\theta = 0, \theta' = 0$。

(3) 自由端:(可自由转动和翘曲,无扭矩
作用时 $M_z = 0$):$B_\omega = 0, M_z = -\overline{M}_z$。

考虑如图 7.8 所示在自由端作用一个集
中扭矩 $\overline{M}_z$ 的悬臂梁。

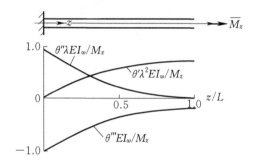

图 7.8　端部作用集中扭矩的悬臂梁

边界条件为:当 $z = 0$ 时,$\theta = 0, \theta' = 0$;当 $z = L$ 时,$B_\omega = 0$。

满足边界条件的解为:

$$\begin{cases} \theta = \frac{\overline{M}_z}{\lambda^3 EI_\omega}[\lambda z - \sinh\lambda z + \tanh\lambda L(\cosh\lambda z - 1)] \\[2mm] \theta' = \frac{\overline{M}_z}{\lambda^2 EI_\omega}(1 - \cosh\lambda z + \tanh\lambda L \sinh\lambda z) \\[2mm] \theta'' = \frac{\overline{M}_z}{\lambda EI_\omega}(-\sinh\lambda z + \tanh\lambda L \cosh\lambda z) \\[2mm] \theta''' = \frac{\overline{M}_z}{EI_\omega}(-\cosh\lambda z + \tanh\lambda L \sinh\lambda z) \end{cases} \tag{7.59}$$

由式(7.58)及图 7.8 可知,在固定端,翘曲扭矩最大,自由扭矩为 0,翘曲正应力和翘曲
剪应力最大;在自由端,自由扭矩最大,翘曲扭矩最小,翘曲正应力为 0,自由扭转剪应力最大。

7.5　闭口薄壁截面

1. 弯曲时的剪应力和剪力中心

由式(7.21)和图7.3的微元体平衡方程可得：

$$\tau t = q_0 - \int_A^P \frac{\partial \sigma}{\partial z} \cdot t \, \mathrm{d}s \tag{7.60}$$

式中，q_0 代表点 A 处的剪力流(图 7.9)，积分项代表假想闭口截面在 A 切开所得开口截面上的剪力流 τ_1。因此，与开口截面相比，闭口截面剪应力多了一个常量剪力流 q_0，可得：

$$\begin{cases} \tau t = \tau_1 t + q_0 \\ \tau = \tau_1 + q_0/t \end{cases} \tag{7.61}$$

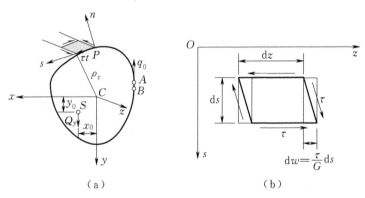

（a）　　　　　　　　　　　　（b）

图 7.9　闭口截面的剪力流

式中，q_0 的大小根据闭合截面的变形连续条件确定：构件无扭转，纵向纤维与纵轴平行，中面剪应变引起横向纤维转动，从而引起截面翘曲位移，截面翘曲位移在点 A 必须连续，即图 7.9(b)所示沿截面周长微元体产生的沿 z 轴的翘曲变形值 $\delta\omega$ 的积分必须为 0：

$$\oint \frac{\tau}{G} \mathrm{d}s = 0 \tag{7.62}$$

$$q_0 = -\frac{\oint \tau_1 \mathrm{d}s}{\oint \frac{\mathrm{d}s}{t}} \tag{7.63}$$

仅考虑 Q_y 作用时，根据剪力中心的定义，存在：

$$Q_y x_0 = \oint \rho_c \tau t \, \mathrm{d}s = \oint \rho_c \tau_1 t \, \mathrm{d}s - \frac{\oint \tau_1 \mathrm{d}s}{\oint \frac{\mathrm{d}s}{t}} \oint \rho_c \mathrm{d}s = \oint \rho_c \tau_1 t \, \mathrm{d}s - \frac{2A_0}{\oint \frac{\mathrm{d}s}{t}} \oint \tau_1 \mathrm{d}s \tag{7.64}$$

式中，A_0 为闭合截面中线所围的面积。

将式(7.23)代入式(7.64)，得：

$$Q_y x_0 = \frac{I_y \oint S_x \rho_c \mathrm{d}s - I_{xy} \oint S_y \rho_c \mathrm{d}s}{I_x I_y - I_{xy}^2} Q_y - \frac{2A_0}{\oint \dfrac{\mathrm{d}s}{t}} \frac{I_y \oint S_x \dfrac{\mathrm{d}s}{t} - I_{xy} \oint S_y \dfrac{\mathrm{d}s}{t}}{I_x I_y - I_{xy}^2} Q_y \qquad (7.65)$$

式(7.65)中有：

$$\oint S_x \rho_c \mathrm{d}s = \oint S_x \mathrm{d}\left(\int_A^P \rho_c \mathrm{d}s\right) = \left[S_x \int_A^P \rho_c \mathrm{d}s \right]\Big|_A^B - \oint \left(\int_A^P \rho_c \mathrm{d}s\right) \mathrm{d}S_x = \oint yt \left(\int_A^P \rho_c \mathrm{d}s\right) \mathrm{d}s$$

$$(7.66)$$

$$\oint S_y \rho_c \mathrm{d}s = \oint xt \left(\int_A^P \rho_c \mathrm{d}s\right) \mathrm{d}s \qquad (7.67)$$

$$\oint S_x \frac{\mathrm{d}s}{t} = \left[S_x \int_A^P \frac{\mathrm{d}s}{t} \right]\Big|_A^B + \oint yt \left(\int_A^P \frac{\mathrm{d}s}{t}\right) \mathrm{d}s = \oint yt \left(\int_A^P \frac{\mathrm{d}s}{t}\right) \mathrm{d}s \qquad (7.68)$$

$$\oint S_x \frac{\mathrm{d}s}{t} = \oint yt \left(\int_A^P \frac{\mathrm{d}s}{t}\right) \mathrm{d}s \qquad (7.69)$$

令：

$$\omega_c = \int_A^P \rho_c \mathrm{d}s - \frac{2A_0}{\oint \dfrac{\mathrm{d}s}{t}} \int_A^P \frac{\mathrm{d}s}{t} \qquad (7.70)$$

将式(7.70)代入式(7.65)，推导后可得：

$$\begin{cases} x_0 = \dfrac{I_y \oint \omega_c yt \,\mathrm{d}s - I_{xy} \oint \omega_c xt \,\mathrm{d}s}{I_x I_y - I_{xy}^2} \\[4mm] y_0 = \dfrac{I_x \oint \omega_c xt \,\mathrm{d}s - I_{xy} \oint \omega_c yt \,\mathrm{d}s}{I_x I_y - I_{xy}^2} \end{cases} \qquad (7.71)$$

将式(7.71)和式(7.33)进行对比，可见闭口截面的剪力中心表达式与开口截面在形式上是一致的，只是 ω_c 的内容不一致。

2. 自由扭转

闭口截面自由扭转时，可认为剪力流沿壁厚是均匀分布且流经闭口全截面的，与开口截面完全不同，如图 7.10 所示。因为这样分布的剪力流可以有效抵抗外扭转，所以闭口截面抗扭刚度远大于开口截面。

自由扭转时，截面上无正应力，由式(7.21)所示中面微元的平衡条件可得 $\partial(\tau_k t)/\partial s = 0$，所以 $\tau_k t$ 为常数。将剪力流对任一点取矩并沿全截面积分，可得截面上的扭矩：

$$M_k = \oint \rho \tau_k t \,\mathrm{d}s = \tau_k t \oint \rho \,\mathrm{d}s = \tau_k t (2A_0) \qquad (7.72)$$

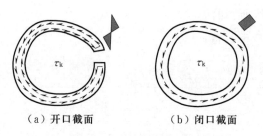

（a）开口截面 （b）闭口截面

图 7.10 开口和闭口截面自由扭转应力比较

$$\tau_k t = \frac{M_k}{2A_0} \tag{7.73}$$

必须考虑中面剪应力产生的剪应变,才能满足翘曲位移沿闭口截面连续的条件,如下所示:

$$\gamma = \frac{\partial w}{\partial s} + \frac{\partial v_s}{\partial z} \tag{7.74(a)}$$

$$\frac{\partial w}{\partial s} = -\frac{\partial v_s}{\partial z} + \gamma \tag{7.74(b)}$$

$$v_s = \rho\theta \tag{7.74(c)}$$

$$\gamma = \frac{\tau_k}{G} = \frac{M_k}{2GA_0 t} \tag{7.74(d)}$$

$$\frac{\partial w}{\partial s} = -\rho\theta' + \frac{M_k}{2GA_0 t} \tag{7.74(e)}$$

闭口截面翘曲连续条件为:

$$\oint dw = \oint \frac{\partial w}{\partial s} ds = -\theta' \oint \rho ds + \frac{M_k}{2GA_0} \oint \frac{ds}{t} = 0 \tag{7.75(a)}$$

$$\theta' = \frac{M_k}{4GA_0^2} \oint \frac{ds}{t} \tag{7.75(b)}$$

由式[7.75(a)]和式[7.75(b)]可得:

$$M_k = \frac{4GA_0^2}{\oint \dfrac{ds}{t}} \theta' = GI_k \theta' \tag{7.76(a)}$$

$$I_k = \frac{4A_0^2}{\oint \dfrac{ds}{t}} \tag{7.76(b)}$$

3. 翘曲位移和翘曲应力

将式[7.76(a)]代入式[7.74(e)],可得:

$$\frac{\partial \omega}{\partial s} = -\rho\theta' + \frac{2A_0}{t \oint \dfrac{ds}{t}} \theta' = -\theta' \left(\rho - \frac{2A_0}{t \oint \dfrac{ds}{t}} \right) \tag{7.77}$$

取中线上某点 A 作为积分起始点,积分后得截面中线上点 P 处的翘曲位移为:

$$\omega = \omega_0 - \theta'\left(\int_A^P \rho \, ds - \frac{2A_0}{t\oint \frac{ds}{t}}\int_A^P \frac{ds}{t}\right) \tag{7.78}$$

式中,ω_0 为点 A 处的翘曲位移,令:

$$\omega = \int_A^P \rho \, ds - \frac{2A_0}{t\oint \frac{ds}{t}}\int_A^P \frac{ds}{t} \tag{7.79}$$

$$w = w_0 - \theta'\omega \tag{7.80}$$

比较式(7.80)和式(7.35)可知,闭口截面和开口截面的翘曲位移表达式形式一致,只是闭口截面的扇性坐标与开口截面有别。截面翘曲应力可表示为:

$$\sigma_\omega = -E\theta''\omega \tag{7.81}$$

$$\tau_\omega t = -E\theta'''S_\omega + q_{\omega 0} \tag{7.82}$$

$$S_\omega = \int_P^B \omega t \, ds \tag{7.83}$$

$q_{\omega 0}$ 可按截面翘曲变形连续的条件求解,如式(7.84)所示:

$$\oint \frac{\tau_\omega}{G} ds = 0 \tag{7.84}$$

将式(7.82)代入式(7.84),可求得:

$$q_{\omega 0} = E\theta'''\frac{\oint S_\omega \frac{ds}{t}}{\oint ds/t} \tag{7.85}$$

将式(7.85)代回式(7.82),可得:

$$\tau_\omega t = -E\theta'''\left(S_\omega - \frac{\oint S_\omega \frac{ds}{t}}{\oint \frac{ds}{t}}\right) \tag{7.86}$$

翘曲扭矩可按式(7.87)确定如下:

$$M_\omega = \oint \tau_\omega t\rho \, ds = -E\theta'''\left[\oint S_\omega\rho \, ds - \frac{\oint S_\omega \frac{ds}{t}}{\oint \frac{ds}{t}}\oint\rho \, ds\right] = -E\theta'''\left[\oint S_\omega\rho \, ds - \frac{2A_0}{\oint \frac{ds}{t}}\oint S_\omega \frac{ds}{t}\right] \tag{7.87}$$

式(7.87)中有:

$$\oint S_\omega\rho \, ds = \oint S_\omega \, d\left(\int_A^P \rho \, ds\right) = \left[S_\omega\int_A^P \rho \, ds\right]\Big|_A^B - \oint\left(\int_A^P \rho \, ds\right) dS_\omega = \oint\left(\int_A^P \rho \, ds\right)\omega t \, ds \tag{7.88}$$

$$\oint S_\omega \frac{\mathrm{d}s}{t} = \left[S_\omega \int_A^P \frac{\mathrm{d}s}{t} \right] \Bigg|_A^B - \oint \left(\int_A^P \frac{\mathrm{d}s}{t} \right) \omega t \, \mathrm{d}s = \oint \left(\int_A^P \frac{\mathrm{d}s}{t} \right) \omega t \, \mathrm{d}s \tag{7.89}$$

将式(7.88)和式(7.89)代回式(7.87),可得:

$$M_\omega = -E\theta''' \oint \left[\int_A^P \rho \mathrm{d}s - \frac{2A_0}{\oint \frac{\mathrm{d}s}{t}} \int_A^P \frac{\mathrm{d}s}{t} \right] \omega t \, \mathrm{d}s = -E\theta''' \oint \omega^2 t \, \mathrm{d}s = -EI_\omega \theta''' \tag{7.90}$$

对照式(7.86)和式(7.90),可得:

$$\tau_\omega t = \frac{M_\omega}{I_\omega} \left[S_\omega - \frac{\oint S_\omega \frac{\mathrm{d}s}{t}}{\oint \frac{\mathrm{d}s}{t}} \right] \tag{7.91}$$

4. 薄壁构件的一般几何非线性微分方程

若薄壁构件的轴线具有微小初始变位,初变位沿构件轴线长度变化的函数为 $u_0(z)$、$v_0(z)$ 和 $w_0(z)$;加载以后构件的轴线变位到 $u(z)$,$v(z)$ 和 $w(z)$,可以总结和推导薄壁构件具有微小初始变位的一般性弯扭微分方程如下:

$$EI_y (u-u_0)^{\mathbb{N}} + [Pu']' + [Py_0\theta']' + [M_x\theta]'' - q_x = 0 \tag{7.92(a)}$$

$$EI_x (v-v_0)^{\mathbb{N}} + [Pv']' - [Px_0\theta']' - [M_y\theta]'' - q_y = 0 \tag{7.92(b)}$$

$$EI_\omega (\theta-\theta_0)^{\mathbb{N}} - GI_k (\theta-\theta_0)'' + [Py_0u']' - [Px_0v']' + M_xu'' - M_yv'' -$$

$$[(-r^2P + \beta_xM_x + \beta_yM_y + \beta_\omega M_\omega + \bar{R})\theta']' - M'_\omega \frac{\beta_\omega\theta}{2} - m_{z1} + \tag{7.92(c)}$$

$$q_x\left(\alpha_x - x_0 + \frac{\beta_y}{2}\right)\theta + q_y\left(\alpha_y - y_0 + \frac{\beta_x}{2}\right)\theta = 0$$

式中,α_x、α_y 分别是分布荷载 q_x、q_y 作用点处的 x 轴和 y 轴坐标;r_0^2、$\bar{R}$、β_x、β_y、β_ω 表达如下:

$$r_0^2 = \frac{I_x + I_y}{A} + x_0^2 + y_0^2 \tag{7.93(a)}$$

$$\bar{R} = \int \sigma_r (x^2 + y^2) \mathrm{d}A \tag{7.93(b)}$$

$$\beta_x = \frac{\int y(x^2 + y^2)\mathrm{d}A}{I_x} - 2y_0 \tag{7.93(c)}$$

$$\beta_y = \frac{\int x(x^2 + y^2)\mathrm{d}A}{I_y} - 2x_0 \tag{7.93(d)}$$

$$\beta_\omega = \frac{\int \omega(x^2 + y^2)\mathrm{d}A}{I_\omega} \tag{7.93(e)}$$

第8章 框架结构的稳定

8.1 计算长度的概念和定义

计算长度的定义对于两端铰接、悬臂、一端铰接一端固定的长度为 L 的单根轴心受压柱非常明确,如图 8.1 所示。对于具有任意复杂边界的单根轴心受压柱,记计算长度为 L_0、计算长度系数为 μ,则其屈曲临界力可写为式(8.1):

$$P_{cr}=\frac{\pi^2 EI}{L_0^2}=\frac{\pi^2 EI}{(\mu L)^2} \tag{8.1}$$

如果已知轴心受压柱的屈曲临界力 P_{cr},由式(8.1)很容易可以求取轴心受压柱的计算长度和计算长度系数,如式(8.2)所示:

$$\begin{cases} L_0=\sqrt{\dfrac{\pi^2 EI}{P_{cr}}} \\[3mm] \mu=\sqrt{\dfrac{\pi^2 EI}{P_{cr}L^2}} \end{cases} \tag{8.2}$$

式(8.2)为计算长度的直接定义。

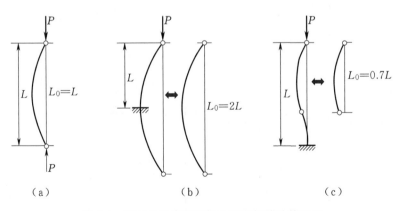

（a） （b） （c）

图 8.1 简单边界条件下轴心受压柱的计算长度

8.2　计算长度方法的缺陷和问题

考虑图 8.2 中为作用有集中力 P 的有侧移的门式刚架,刚架横梁弯曲刚度无穷大,立柱弯曲刚度为 EI。

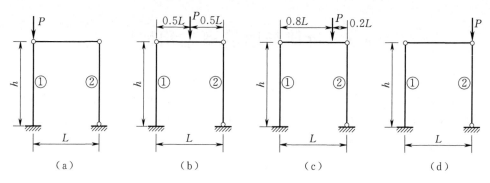

图 8.2　集中力作用下的有侧移门式刚架

以图 8.2(c)为例推导临界屈曲荷载系数。首先采用 Föppl-Papkovich 准则分别假定 $EI_1=\infty$ 和 $EI_2=\infty$ 计算 λ_1 和 λ_2,λ_2 又可采用 Dunkerley 准则通过 λ_{21} 和 λ_{22} 进行求解,如图 8.3 所示。由图可见,$0.8\lambda_1=\pi^2 EI/h^2$,$\lambda_1=12.337$。求解 λ_{22} 时,右侧铰接立柱的柱顶侧移刚度为 $3EI/h^3$,由

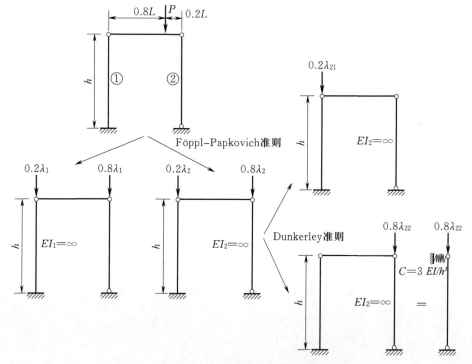

图 8.3　运用准则求解有侧移门式刚架屈曲临界力

图 3.2 和式 (3.5) 可见，$0.8\lambda_{22} = 3EI/h^2$，$\lambda_{22} = 3.75EI/h^2$。而 $0.2\lambda_{21} = \pi^2 EI/(4h^2)$，$\lambda_{21} = 12.336EI/h^2$。$\lambda_2 = 1/(1/\lambda_{21} + 1/\lambda_{22}) = 2.876EI/h^2$。所以，$P_{cr} = 1/(1/\lambda_1 + 1/\lambda_2) = 2.33EI/h^2$。

同理，可得图 8.2 中其他门架的屈曲临界力，并可由屈曲临界力根据式 (8.2) 计算各柱计算长度系数，如图 8.4 所示。

再考虑图 8.5 所示作用有集中力 P 的无侧移的门式刚架，刚架横梁弯曲刚度无穷大。同样可求得各加载情况下门式刚架两柱的计算长度系数，如图 8.6 所示。

把图 8.4 和图 8.6 中按式 (8.2) 的定义计算所得的门式刚架柱子的计算长度系数列在图 8.7 中，图中实线和虚线柱子分别表示计算长度系数计算结果可能正确和一定错误。

分析图 8.7 可知，直接采用式 (8.2) 的计算长度定义，所得柱子计算长度系数存在以下两个问题：

(1) 柱子计算长度系数与荷载作用有关。

(2) 刚架中首先失稳的柱子计算长度系数可能正确，后失稳或不失稳的柱子计算长度系数一定错误。

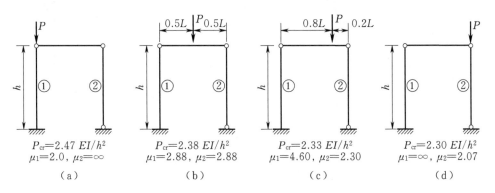

图 8.4　集中力作用下有侧移门式刚架的屈曲临界力和柱子计算长度系数

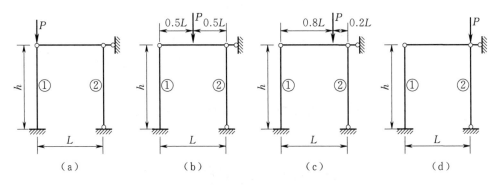

图 8.5　集中力作用下的无侧移门式刚架

式 (8.2) 关于计算长度系数的定义本来就是针对屈曲的单根柱子推导得到的，所以越接近这一条件，所得结果越精确。因为结构体系中包含很多受压构件且其不可能同时失稳，因此可以得到一个明确的结论：不能直接应用式(8.2)所示计算长度系数的定义确定结构体系中各受压构件的计算长度。事实上，结构体系中荷载组合类别一般有很多，直接采用式(8.2)的定义确定受压柱计算长度系数是不可行的。

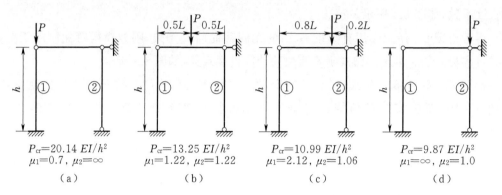

图 8.6　集中力作用下无侧移门式刚架的屈曲临界力和柱子计算长度系数

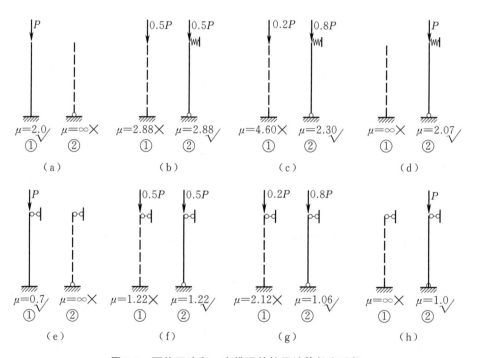

图 8.7　可能正确和一定错误的柱子计算长度系数

8.3　框架柱子计算长度确定的规范方法

现行设计规范为了在框架结构稳定设计中采用计算长度的概念，对有侧移和无侧移框架(图 8.8)中柱子计算长度的确定作了以下假定和规定：

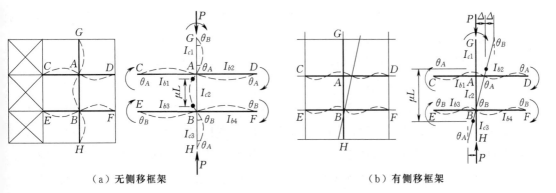

（a）无侧移框架　　　　　　　　　　　（b）有侧移框架

图 8.8　有侧移框架和无侧移框架

（1）取连接有上下柱、左右梁的柱子独立计算模型，在轴力作用下计算该柱的屈曲临界力和计算长度系数。

（2）柱子屈曲时，同一层的横梁转角大小相等，无侧移框架方向相反、有侧移框架方向相同。

（3）柱子屈曲时，相交于同一节点的横梁对柱子的约束刚度和不平衡力按柱线刚度分配。

显然，采用以上假定可以避免 8.2 节所述的直接采用计算长度定义带来的两个问题。

针对图 8.8(a)无侧移框架中的柱 AB，通过建立绕 A、B 两点的弯矩平衡方程，可以得到关于未知变量 θ_A 和 θ_B 的二阶齐次线性方程组，二阶的系数矩阵与轴力 P 及梁柱线刚度有关，令矩阵行列式值的为 0，可求得柱 AB 的屈曲临界力 P_{cr}，根据式(8.2)可得计算长度系数如式(8.3)所示：

$$\begin{cases} \mu = \sqrt{\dfrac{(1+0.41k_1)(1+0.41k_2)}{(1+0.82k_1)(1+0.82k_2)}} \\[2em] k_1 = \dfrac{\Sigma_A \dfrac{I_b}{l_b}}{\Sigma_A \dfrac{I_c}{l_c}} \\[2em] k_2 = \dfrac{\Sigma_B \dfrac{I_b}{l_b}}{\Sigma_B \dfrac{I_c}{l_c}} \end{cases} \tag{8.3}$$

针对图 8.8(b)有侧移框架中的柱 AB，通过建立绕 A、B 两点的弯矩平衡方程和柱 AB 水平剪力平衡方程，可以得到关于未知变量 θ_A、θ_B 和 Δ 的三阶齐次线性方程组，三阶的系数矩阵与轴力 P 及梁柱线刚度有关，令矩阵行列式的值为 0，可求得柱 AB 的屈曲临界力 P_{cr}，根据式(8.2)可得计算长度系数如式(8.4)所示，式(8.4)中的 k_1、k_2 同式(8.3)。

$$\mu = \sqrt{\dfrac{7.5k_1k_2+4(k_1+k_2)+1.52}{7.5k_1k_2+k_1+k_2}} \tag{8.4}$$

式(8.3)和式(8.4)为现行规范关于有侧移和无侧移框架柱的计算长度系数,由此确定的有侧移刚架中柱子的计算长度系数为 $\mu_1=2,\mu_2=\infty$,无侧移刚架中柱子的计算长度系数为 $\mu_1=0.7,\mu_2=1.0$。对照图 8.7 分析,这一结果基本合理,其中有侧移框架柱②为摇摆柱、计算长度系数无穷大,偏于安全。

图 8.9 所示为有侧移二层单跨框架,考虑三种梁柱线刚度比 $K=0.01,0.1,1$ 以及三种荷载作用 $P_2/P_1=0.2,0.6,1.0$。按规范方法,式(8.3)计算得到的柱子计算长度系数 μ_1、μ_2 与梁柱线刚度比有关,与柱中荷载无关。采用结构分析软件 3D3S Design 建立不同荷载及梁柱线刚度比的 9 个框架模型,通过线性屈曲分析得到屈曲临界力 P_{cr},根据式(8.2)的计算长度系数定义得到的计算长度系数为 μ_1'、μ_2',其值与梁柱线刚度比及柱中荷载有关。两种计算方法结果比较如表 8.1 所示。

由表 8.1 可见,对于有侧移框架柱的计算长度系数,直接根据计算长度系数公式(8.2)计算的结果当所计算柱首先屈曲时接近规范计算结果,大多数情况下规范计算结果偏大即偏于安全。

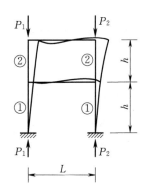

$K=i_b/i_c$	0.01	0.1	1
梁	H200×100×4×6 $I_b=1.350\,93\times10^7$ mm⁴ $L=2\,955.1$ mm	H300×150×6×8 $I_b=6.262\,44\times10^8$ mm⁴ $L=3039.5$ mm	H300×150×6×8 $I_b=6.262\,44\times10^8$ mm⁴ $L=3\,000$ mm
柱	H700×300×10×16 $I_c=1.371\,46\times10^9$ mm⁴ $h=3\,000$ mm	H550×300×8×12 $I_c=6.181\,07\times10^8$ mm⁴ $h=3\,000$ mm	H300×150×6×8 $I_c=6.262\,44\times10^7$ mm⁴ $h=3\,000$ mm

图 8.9 有侧移二层单跨框架

表 8.1 有侧移二层单跨框架的计算长度系数

$K=i_b/i_c$	P_2/P_1	μ_1	μ_2	$\mu_1{}'$	$\mu_2{}'$
	0.2			2.393*	5.350
0.01	0.6	2.009	10.524	3.153	4.070
	1.0			3.825	3.825*
	0.2			1.864*	4.169
0.1	0.6	1.831	3.470	2.326	3.003
	1.0			2.795	2.795*
	0.2			1.215*	2.716
1	0.6	1.297	1.449	1.293	1.670
	1.0			1.482	1.482*

注:* 表示先失稳构件。

8.4　框架结构稳定设计中计算长度概念的适用性

《钢结构设计标准》(GB 50017—2017)关于框架柱稳定设计的相关规定如下：

(1) 对于无支撑框架,采用式(8.4)计算有侧移框架柱计算长度系数 μ,由此计算柱子稳定系数 ϕ_0,由线性方法计算内力、进行受压或压弯构件的稳定极限承载力计算,或采用几何非线性方法计算内力(每层柱顶施加假想水平力以考虑初始缺陷)、根据计算长度系数 $\mu=1.0$ 计算柱子稳定系数 ϕ_0,进行柱子稳定极限承载力计算。

(2) 对于有支撑框架,当框架的支撑刚度 S_b(产生单位侧倾角所需水平力)满足式(8.5)时,认为是强支撑(无侧移)框架,按式(8.3)计算无侧移框架柱的计算长度系数 μ,由此计算柱子稳定系数 ϕ_1,验算柱子的稳定极限承载力。当 S_b 不满足式(8.5)时,认为是弱支撑框架,不推荐使用弱支撑框架。

$$S_b \geqslant 4.4\left[\left(1+\frac{100}{f_y}\right)\Sigma N_{bi} - \Sigma N_{0i}\right] \tag{8.5}$$

式中,ΣN_{bi}、ΣN_{0i} 分别为所计算的第 i 层所有柱子分别采用无侧移框架和有侧移框架计算长度系数公式求得的柱子稳定极限承载力之和。

采用直接设计法,考虑初始缺陷或假想水平力,进行框架结构的几何物理双非线性计算分析,验算框架结构的稳定极限承载力,计算时每根柱均需采用多个有限单元模拟,以考虑其跨中缺陷影响并求得其跨中最大内力和应力。

框架结构的荷载组合数量较多,采用直接设计法时,必须逐个荷载组合进行结构的双非线性分析。所以,采用计算长度概念进行框架结构的稳定设计将大大提高设计计算的效率。

当采用计算长度方法时,本质上是对所有框架柱确定计算长度系数、稳定系数和进行稳定极限承载力验算,这意味着计算长度方法将框架结构的稳定验算转化为对框架柱的稳定验算。因为在框架结构中,柱子不失稳框架一定不会失稳、任一柱子失稳就意味着框架结构的失稳,所以在框架结构稳定设计中采用计算长度方法是适用的。由此可见,在结构体系的稳定设计中,计算长度方法本质上是对构件稳定的设计和验算,只有当构件的失稳代表结构体系的失稳时,计算长度方法才是适用的。显然,对于非框架类的任意复杂空间结构体系,构件失稳并不代表结构体系失稳,采用计算长度概念和方法进行结构体系的稳定设计是不适用的甚至是错误的。

对于有侧移框架,当采用几何非线性方法分析结构内力时,规范规定柱子计算长度系数 μ 取 1.0,并按压弯构件进行稳定验算,这一规定的合理性和正确性证明如下。

有侧移框架结构存在层间初始缺陷 Δ_0 和柱子自身的弯曲初始缺陷 δ_0,在荷载作用下继续产生变形 Δ 和 δ,如图 8.10 所示。在进行结构几何非线性分析时,柱子一般取为 1 个梁单元,由此求得的柱子杆端轴力 N 和弯矩 M,虽然考虑了 Δ_0 的影响和 $P-\Delta$ 效应,但无法考

虑 δ_0 的影响和 $P\text{-}\delta$ 效应。柱身考虑 $P\text{-}\Delta$ 和 $P\text{-}\delta$ 效应的实际最大应力可以采用柏利(Perry)公式近似表示为：

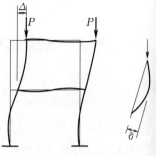

$$\sigma = \frac{N}{A} + \frac{M+Ne^*}{W\left(1-\dfrac{N}{N_E}\right)} \leqslant f \tag{8.6}$$

式中　f——材料强度；

　　　A, W——柱子截面面积和截面抵抗矩；

　　　N_E——计算长度系数为 1.0 的柱子欧拉临界力；

　　　e^*——可以代表柱身初始缺陷的广义缺陷参数。

图 8.10　框架结构的层间变形 Δ 和构件弯曲变形 δ

当弯矩 $M=0$ 时，柱子退化为轴心受压构件，达到稳定极限状态时有 $N=\phi Af$，ϕ 为计算长度系数为 1.0 时柱子的轴心受压稳定系数，将 $N=\phi Af$ 代入式(8.6)得到：

$$\sigma = \frac{\phi Af}{A} + \frac{\phi Afe^*}{W\left(1-\dfrac{\phi Af}{N_E}\right)} = f \tag{8.7}$$

由式(8.7)可计算得到 e^*，将 e^* 返回代入式(8.6)，推导后可得：

$$\sigma = \frac{N}{\phi A} + \frac{M}{W\left(1-\phi\dfrac{N}{N_E}\right)} = f \tag{8.8}$$

在式(8.8)中引入截面塑性发展系数 γ_x 后简化，即为压弯构件的稳定设计公式，如式(8.9)所示：

$$\sigma = \frac{N}{\phi A} + \frac{\beta_{mx}M}{\gamma_x W\left(1-0.8\dfrac{N}{N_E}\right)} = f \tag{8.9}$$

取柱子计算长度系数 $\mu=1.0$，按式(8.9)进行柱子稳定极限承载力验算，等效于进行式(8.6)的验算，即进行柱身考虑 $P\text{-}\Delta$ 效应和 $P\text{-}\delta$ 效应的实际极限强度的验算。一定程度上，式(8.6)与直接设计法计算结果接近。由此可见，进行结构的几何非线性内力计算、取柱子计算长度系数 $\mu=1.0$、计算柱子稳定系数并进行稳定承载力验算的方法不仅适用于有侧移框架柱，也适用于强支撑和弱支撑框架柱。理论上，这一方法同样适用于非框架类的任意空间结构体系。

8.5　直接设计法和假想水平力

早期的钢结构设计规范关于无支撑框架结构稳定设计的规定："当采用二阶弹性分析方法计算内力且在每层柱顶附加考虑假想水平力时，柱子计算长度系数 $\mu=1.0$"，给出了假想水平力的计算公式和二阶杆端弯矩的近似公式，分别如式(8.10)和式(8.11)所示：

$$H_{ni} = \frac{\alpha_y Q_i}{250}\sqrt{0.2+\frac{1}{n_s}} \tag{8.10}$$

$$\begin{cases} M_{\text{II}} = M_{\text{Ib}} + \alpha_{2i} M_{\text{Is}} \\ \alpha_{2i} = \dfrac{1}{1 - \dfrac{\sum N \cdot \Delta u}{\sum H \cdot h}} \end{cases} \quad (8.11)$$

式中　Q_i——第 i 楼层总重力荷载设计值；

n_s——框架总层数，当 $\sqrt{0.2+1/n_s}>1$ 时取为 1.0；

α_y——钢材强度影响系数，对于 Q235 取 1.0，对于 Q345 取 1.1；

M_{Ib}——框架无侧移时线弹性分析所得杆端弯矩；

M_{Is}——框架各测点侧移时按线弹性分析所得杆端弯矩；

α_{2i}——考虑二阶效应时第 i 层杆件的侧移弯矩增大系数；

$\sum N$——所计算楼层各柱轴力设计值之和；

$\sum H$——产生层间侧移 Δu 的所计算楼层及以上各层的水平力之和；

Δu——按线性方法计算求得的所计算楼层的层间侧移；

h——所计算楼层的高度。

显然，在没有非线性计算机分析软件的年代，只能采用假想水平力公式和二阶弯矩近似公式近似考虑缺陷影响并计算结构非线性杆端内力。同时也必须注意：式(8.11)的假想水平力和式(8.12)的二阶弯矩近似公式必须配合使用，其中式(8.11)的假想水平力可以理解为强迫结构产生一个层间初始缺陷 Δ_0，而这一假想水平力只增大了式(8.12)中的 M_{Is}，并通过式(8.12)计入了 Δ_0 对二阶弯矩 M_{II} 的影响。

现行《钢结构设计标准》(GB 50017—2017)规定的直接设计法，必须考虑框架结构的整体层间缺陷和构件的杆身弯曲缺陷，同时规定这些缺陷可以直接导入 Δ_0 和 δ_0，也可通过各柱顶假想水平力和各柱身假想均布力考虑，而结构的内力可以采用非线性方法进行计算分析，但必须注意以下问题：

(1) 在结构分析模型中导入 Δ_0 和 δ_0 进行非线性结构计算分析和直接设计法的稳定设计，其概念清晰，通过结构分析和设计软件也简单易行。

(2) 定义假想水平力和假想均布荷载，通过近似公式计算结构二阶弯矩，概念虽正确，但二阶弯矩近似公式计算繁琐，在现有计算机软件条件下既难实现又无必要。

(3) 定义假想水平力和假想均布荷载，进行非线性结构计算分析时，必须在计算结果中剥离假想水平力和假想均布荷载的作用效应。计算分析必须分为两步进行：第一步，引入假想水平力和假想均布荷载，计算结构的变形；第二步，导入第一步计算所得结构变形修正结构的几何模型(相当于导入了初始缺陷)，进行真实荷载下的结构非线性计算与分析。显然，这样的计算分析方法也很烦琐。

本节的讨论说明设计规范的修编是随着时代发展而不断发展的。规范规定的各种设计方法均有其历史沿革和特定的使用条件。在实际运用时，应厘清各种设计方法的使用条件及相关规定，杜绝错误引用和混淆情况的发生。

第9章 拱和空间网格结构的稳定

9.1 拱的屈曲形式和特征

图 9.1 所示为一平面两铰拱,矢高为 f,轴线符合正弦半波曲线,承受竖向正弦半波分布荷载。

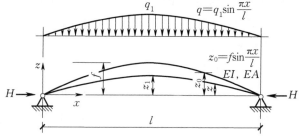

图 9.1 正弦半波分布荷载作用下具有正弦半波轴线两铰拱

图 9.1 所示拱可能发生正对称的跳跃型屈曲,也可能发生反对称屈曲。当矢高 f 较小时,发生跳跃型屈曲,屈曲临界力 q_1^{snap}、对应的拱最大矢高 z_1^{snap} 和拱脚水平力 H_{snap} 可表示为:

$$q_1^{snap} = \frac{\pi^4 EI}{l^3} \frac{f}{l} \left[1 + \frac{2}{3\sqrt{3}k} (k^2 - 1)^{3/2} \right] \tag{9.1}$$

$$z_1^{snap} = \pm \frac{f}{\sqrt{3}} \sqrt{1 - \frac{1}{k^2}} \tag{9.2}$$

$$H_{snap} = \frac{\pi^2 EI}{l^2} \left[1 + \frac{2}{3} (k^2 - 1) \right] \tag{9.3}$$

式中,$k = f/r$,r 为拱截面的回转半径。

绘制荷载作用下发生正对称的变形和跳跃型失稳的平衡路径($q_1 - z_1$),如图 9.2 所示。

当矢高 f 较大时,拱发生反对称屈曲,可以近似假定反对称屈曲波长为 $l/2$。由式(9.3)

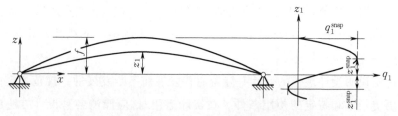

图 9.2 平面拱跳跃型失稳的荷载和变形后矢高曲线

可知从正对称跳跃型屈曲转变为反对称屈曲时应满足条件：

$$\begin{cases} 1+\dfrac{2}{3}(k^2-1)=4 \\ k=\dfrac{f}{r}=2.345 \end{cases} \tag{9.4}$$

所以，当 $k \geqslant 2.345$ 时，两铰平面拱将发生反对称屈曲，屈曲荷载 q_1^{anti}、对应的变形后矢高 z_1^{anti} 及拱脚水平力 H_{snap} 可表示为：

$$q_1^{anti}=\frac{\pi^4 EI}{l^3}\frac{f}{l}\left(1+3\sqrt{1-\frac{4}{k^2}}\right) \tag{9.5}$$

$$z_1^{anti}=f\sqrt{1-\frac{4}{k^2}} \tag{9.6}$$

$$H_{snap}=\frac{\pi^2 EI}{(l/2)^2} \tag{9.7}$$

绘制拱的无量纲屈曲临界力参数 q_{1cr}/q_{1cr}^* 与矢高参数 k 的关系曲线，如图 9.3 所示。q_{1cr}^* 为 $k=\infty$ 时由式(9.5)所得原几何位形下拱的反对称屈曲临界力。

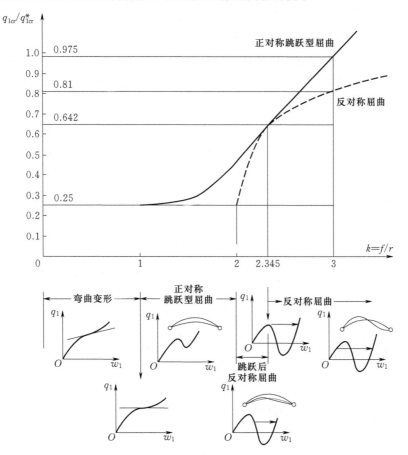

图 9.3　拱的屈曲模式

由图 9.3 可知,当 $k \leqslant 1.0$ 时,式(9.1)无解,拱发生弯曲变形;当 $1 < k \leqslant 2$ 时,式(9.1)有解、式(9.5)无解,拱发生正对称的跳跃型屈曲。

当 $k > 2.345$ 时,$q_1^{anti} < q_1^{snap}$ 且 $z_1^{anti} > z_1^{snap}$,意味着当荷载加载至 $q_1 = q_1^{anti}$ 时,拱矢高 $z_1 = z_1^{anti}$,拱发生反对称屈曲。

当 $2 < k \leqslant 2.345$ 时,$q_1^{anti} < q_1^{snap}$ 但 $z_1^{anti} < z_1^{snap}$,似乎式(9.1)、式(9.2)和式(9.5)、式(9.6)的求解结果产生了矛盾。因为从 $q_1^{anti} < q_1^{snap}$ 得到先发生反对称屈曲,而从 $z_1^{anti} < z_1^{snap}$ 应先发生了正对称跳跃型屈曲。唯一的解释是:当荷载加载至 $q_1 = q_1^{snap}$ 时,拱发生对称变形的跳跃型失稳,但在跳跃变形过程中拱在荷载下降至 $q_1 = q_1^{anti}$ 时又发生了反对称屈曲,如图 9.3 所示。

当 $k = 2.345$ 时,$q_1 = q_1^{anti} = q_1^{snap}$ 且 $z_1 = z_1^{anti} = z_1^{snap}$,即当拱加载至 $q_1 = q_1^{anti} = q_1^{snap}$ 时,拱同时发生跳跃变形和反对称变形。

9.2 扁拱的屈曲临界力和极限承载力

图 9.4 所示为一跨度 5 m、矢高 0.2 m 扁拱的前 3 阶屈曲模态和屈曲特征值。由图可知,扁拱第 1 阶屈曲模态为正对称跳跃型失稳,对应的最小屈曲特征值为 $q_{cr} = 512$ kN/m。图 9.5 所示为这一扁拱的荷载-位移平衡路径,对应于其跨中竖向位移急剧增大的极限荷载 $q_u = 115$ kN/m。

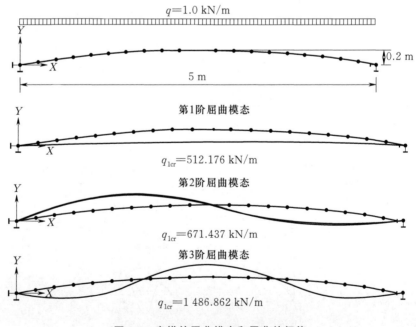

图 9.4 扁拱的屈曲模态和屈曲特征值

由图 9.4 和图 9.5 可知 $q_u \ll q_{cr}$。由 2.3 节的分析可知,屈曲模态和屈曲特征值是在结构未变形的原几何位形基础上进行计算和分析的,所以 q_{cr} 对应于未变形的具有原矢高的扁拱,是未变形拱的屈曲承载力的理论值。由图 9.5 可知,当 q 为 100 kN/m 时,拱跨中往下变形了约 0.1 m,即拱的矢高减小了一半左右。由图 9.3 可知,拱的屈曲荷载随矢高的减小而减小。所以变形后拱的实际矢高下降了,其承载力也下降了,q_u 真实反映了随着变形矢高不断减小的实际拱的承载力。这是 $q_u \ll q_{cr}$ 的原因,这个算例清晰说明了 q_{cr} 和 q_u 的本质区别及内在联系。

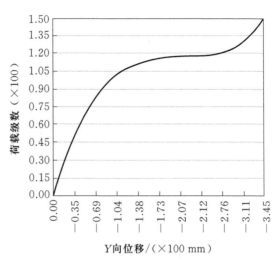

图 9.5　扁拱的荷载-位移平衡路径

9.3　深拱的屈曲临界力和极限承载力

图 9.6 所示为跨度 5 m、矢高 1 m 深拱的前 3 阶屈曲模态和屈曲特征值。由图可知,深拱的第 1 阶屈曲模态为反对称失稳,对应的最小屈曲特征值为 $q_{cr}=1\ 712$ kN/m。图 9.7 为这一深拱的荷载-水平位移和荷载-竖向位移平衡路径,其极限承载力 $q_u=2\ 790$ kN/m。

由图 9.7 可知,拱跨中竖向位移随荷载增大而增大,当 $q_u=2\ 790$ kN/m 时,拱达到极限状态。拱的水平位移接近于 0,但在荷载 $q=1\ 680$ kN/m 附近,水平位移出现了波动。由图 9.6 可知,当拱第 1 阶屈曲临界力 $q_{cr}=1\ 712$ kN/m 时为反对称失稳,跨中竖向位移不大。注意到对称结构、对称加载的拱只能得到对称的结构变形,所以求解得到的荷载-位移平衡路径可能越过了反对称的第 1 阶屈曲模态和临界力。为了验证这一可能性,给拱施加一个很小的侧向水平力 $q_x=q/1\ 000$,使拱产生一个水平变形,从而破坏结构的对称性,再施加竖向荷载,求解其荷载-位移平衡路径,由此得到的荷载-水平位移和荷载-竖向位移曲线如图 9.8 所示。

由图 9.8 可知,由于破坏了拱的对称性,当荷载达到拱的极限承载力 $q_u=1\ 610$ kN/m 时,拱发生明显的水平变形和反对称失稳。注意到对于深拱,q_u 略小于 q_{cr},这是因为达到极限荷载时,拱的矢高降低了 0.1 m,矢高变化不大,所以极限承载力略低于原矢高下未变形拱的屈曲临界力。

对于深拱的分析结果表明,一般情况下结构的极限承载力 q_u 小于结构的屈曲临界力 q_{cr}。当 $q_u > q_{cr}$ 时,一定要进行分析找出原因,最大的可能性是所取的计算模型使得结构的荷载-位移平衡路径数值计算跃过了第 1 阶屈曲模态。

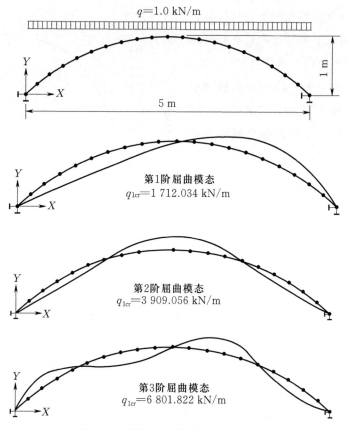

图 9.6 深拱的屈曲模态和屈曲特征值

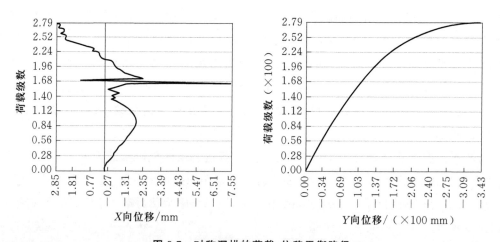

图 9.7 对称深拱的荷载-位移平衡路径

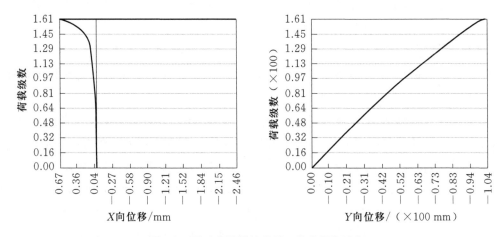

图 9.8　不对称深拱的荷载—位移平衡路径

9.4　空间网格结构的稳定设计

空间网格结构由众多的杆件组成,其屈曲形式包括:个别杆件的屈曲、结构局部区域的屈曲、结构的整体屈曲。由第 5 章内容可知,结构设计时要避免发生上述三类屈曲特征值接近,以避免发生不同类型屈曲模态的相互作用和影响。

现行行业标准《空间网格结构技术规程》(JGJ 7—2010)规定的空间网格结构稳定设计方法如下:

(1) 按第一屈曲模态考虑结构的缺陷分布,缺陷最大值取 $L/300$。

(2) 按几何非线性方法求解结构弹性极限承载力时,安全系数 K 不小于 4.2;按几何物理双非线性方法求解结构弹塑性极限承载力时,安全系数 K 不小于 2.0。

(3) 结构内力按线弹性方法计算,构件强度和稳定按现行钢结构设计标准进行验算,计算长度系数按规定求取。

上述方法可能存在的问题如下:

(1) 当存在较为接近的不同屈曲模态时,屈曲模态的相互作用效应可能大大降低结构的实际承载能力。因为设计计算模型一般一个节间杆件取为一个杆单元或梁单元,这样的计算模型无法精确分析结构整体稳定和构件局部稳定之间的相互作用。

(2) 按第 8 章所述,计算长度概念应用于非框架结构的稳定设计是存在问题的,但规程关于网格结构杆件计算长度系数取值大多为 1.0 或接近 1.0。如果结构内力按几何非线性方法计算,再进行构件的稳定验算,应能确保杆件的稳定性。但规程规定结构内力按线弹性方法计算,当空间网格结构刚度较小时,线性内力分析结果误差较大,据此进行构件强度和稳定的验算不能反映实际构件的安全性。所以,构件层面的验算对于刚度较小的网格结构存在较大问题。

（3）超出实际工程容许范围的缺陷 $L/300$、几何非线性分析的弹性极限承载力安全系数 $K=4.2$ 和双非线性分析的弹塑性极限承载力安全系数 $K=2.0$，可以理解为对于近似计算模型（忽略杆件缺陷、一个节间杆件取一个单元）可能带来较大稳定承载力计算值的纠正，但并不能确保这样的规定能导致偏于安全的稳定设计。因此，结构层面的稳定验算也存在一定的不确定性。

现行国家标准《钢结构设计标准》（GB 50017—2017）对大跨度结构给出了直接分析设计法，规定结构的整体缺陷可取 $L/300$，构件缺陷可按几何缺陷或假想均布力进行考虑，进行结构体系的几何物理双非线性分析，对每根构件受力最大截面进行极限强度验算。对于空间网格结构，这样的规定还是比较合理的。因为同时考虑了结构整体和构件局部的初始缺陷，必然要求每根节间杆件分为多个单元以模拟和反映缺陷的影响，直接分析时可以充分反映构件局部稳定和结构整体稳定的相互作用，这样的数值分析结果应该是足够精确和真实的。所以，只要在荷载施加完毕直接分析所得杆件受力最大截面满足极限强度的要求，就能确保结构体系的稳定性。但需要说明的是：

（1）应明确节间杆件必须打断为多个单元以模拟杆件初始缺陷和局部挠曲及其对结构整体工作性能的影响。

（2）如前所述，杆件初始缺陷应直接取为几何缺陷。若按假想均布荷载考虑杆件缺陷，则必须分两步计算，以仅取假想荷载所导入的初始缺陷，剥离其并不存在的作用效应。

（3）应按结构的几何物理双非线性分析结果控制结构的挠度。

第 10 章　稳定设计的工程案例

10.1　梭形钢管柱的稳定设计

上海世博轴采用如图 10.1 所示三根圆管加横隔板构成的梭形柱,柱高为 37 m,圆管截面 $\phi 377 \times 25$,管轴之间间距(三管柱的轴线边长)为 13.2 m。柱子底端铰接连接于地面,顶端连接屋面膜角和背拉索,柱子整体为轴心受压柱。

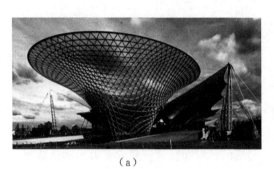 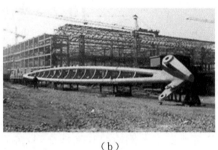

（a）　　　　　　　　　　　　　　　　　　　（b）

图 10.1　上海世博轴采用的梭形钢管柱

现行国家标准《钢结构设计标准》(GB 50017—2017)仅对采用斜缀条的等边长三管柱给出了设计计算方法和公式,对图 10.1 所示的变截面梭形钢管柱无可直接采用的设计公式。对图 10.1 所示三管柱的屈曲临界力和模态进行分析,前 5 阶的屈曲模态如图 10.2 所示。

由图 10.2 可知,梭形柱第 1、第 2 阶模态重根,为空间弯扭屈曲。对于这样的边界条件明确、计算模型明确、破坏类型明确的非缺陷敏感型轴心受压结构,引入 1/1 000 的柱身缺陷进行最大轴力作用下的结构几何非线性内力分析,控制最大应力小于强度设计值,应能确保结构的安全性,得到较为经济与合理的设计结果。这样的设计方法与现行国家标准《钢结构设计标准》(GB 50017—2017)的直接设计法是一致的。

如果因为现行规范对这种变截面的梭形柱没有给出设计公式,那么将其视为空间网格结构,按照《空间网格结构技术规程》(JGJ 7—2010)的要求进行稳定设计,必须考虑弹性稳定安全系数 4.2 或弹塑性稳定安全系数 2.0 的要求,这样会导致太过保守,即太粗笨的杆身设计结果。

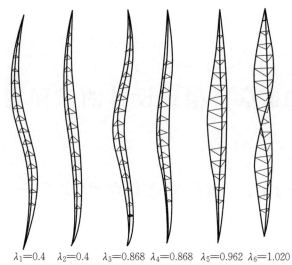

$\lambda_1=0.4$ $\lambda_2=0.4$ $\lambda_3=0.868$ $\lambda_4=0.868$ $\lambda_5=0.962$ $\lambda_6=1.020$

图 10.2　三钢管梭形柱的屈曲特征值和模态

10.2　悬索拱的稳定设计

　　图 10.3 所示为吉林速滑馆屋面悬索拱结构,整个屋面由 12 榀平面悬索拱构成,悬索采用 $\phi5\times241$,钢丝束截面积为 4 732 mm^2,吊索采用 $\phi5\times241$,钢丝束截面积为 726 mm^2。拱的截面是工字形,截面尺寸为 $H900\times400\times12\times20$,设置纵向支撑以确保拱的平面外稳定性。悬索连接于左右两侧桁架式桅杆顶端,再通过两端的斜索和竖索将悬索索力传递至地面。

　　取平面悬索拱结构模型进行结构稳定屈曲模态分析,得到拱的前 10 阶屈曲模态,如表 10.1 所示。

　　表 10.1 给出结构的前 10 阶屈曲模态的立面示意和平面示意,同时给出了相应的屈曲系数。从表 10.1 可知,在结构的前 10 阶屈曲模态中,第 1、第 2 模态为重根,是桁架式桅杆上柱的平面内弯曲屈曲;第 3~6 模态非常接近,是拱在两个纵向支撑点之间的节间平面外屈

（a）结构实景

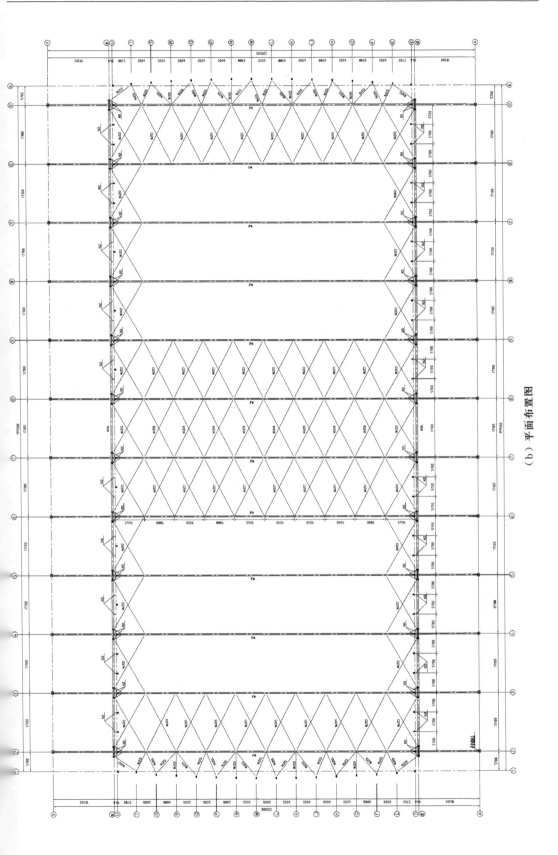

（b）平面布置图

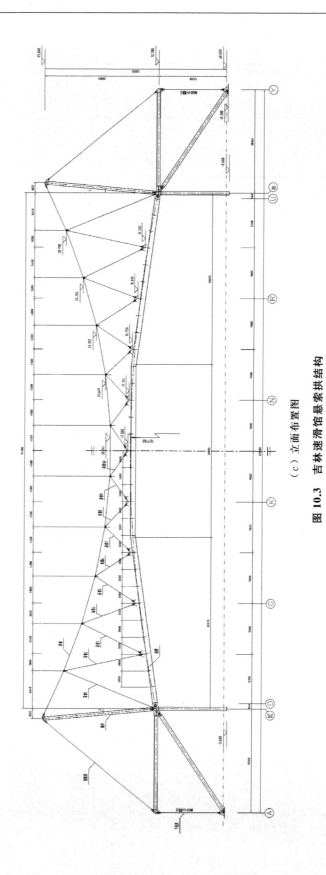

（c）立面布置图

图 10.3　吉林速滑馆悬索拱结构

曲,其中第 3、第 4 模态又耦合有桁架式桅杆上柱的平面内弯曲屈曲;第 7～10 模态也很接近,是桁架式桅杆上柱的平面外屈曲。

由表 10.1 可知,屋面纵向支撑为拱的平面外提供了有效的支撑点,拱的平面外失稳表现为纵向支撑点之间的节间拱段的平面外弯扭失稳。由于悬索及屋面斜拉索为拱提供了较多的竖向支承作用,拱在平面内的稳定问题不是整体的对称屈曲或反对称屈曲问题,而是多点支承下的压弯构件平面内极限强度问题。这样,拱的稳定设计就可转化为对每个纵向支撑点之间的拱段平面外弯扭失稳验算和各竖向支承点之间的拱段平面内极限强度验算。由于结构为非线性索结构,考虑几何非线性进行内力计算,可以对纵向支撑点之间的每个拱段进行构件平面外弯扭稳定验算,对竖向支承点之间的每个拱段进行压弯构件的平面内稳定验算,计算长度系数取 1.0。对拱的稳定性也可以按现行国家标准《钢结构设计标准》(GB 50017—2017)的直接分析设计法进行计算分析。

表 10.1　悬索拱的前 10 阶屈曲模态

序号	屈曲模态	屈曲系数	序号	屈曲模态	屈曲系数
1		4.642	6		5.654
2		4.642	7		7.320
3		5.065	8		7.320
4		5.066	9		8.080
5		5.647	10		8.106

由于采用了较为合理的稳定设计方法,项目钢结构用钢量每单位投影面积仅为 40 kg/m²。显然,如果机械地套用现行行业标准《空间网格结构技术规程》(JGJ 7—2010)取

弹性安全系数 4.2 和弹塑性安全系数 2.0 进行结构整体稳定验算,原设计的截面远不能满足要求,最终将导致极为保守的设计结果。

10.3　索张拉外环梁的稳定设计

图 10.4 所示为枣庄体育场外圈梁及周边构件的布置。外圈梁支承于间距约为 63 m 的柱子之间。

表 10.2 给出了在恒载作用下结构前 10 阶屈曲模态分析结果,第 1 阶屈曲模态为外环梁的柱间屈曲,如图 10.5 所示。

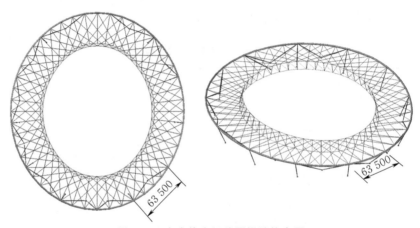

图 10.4　枣庄体育场外圈梁结构布置

表 10.2　外环结构前 10 阶屈曲模态和特征值

序号	屈曲特征值	失稳位置
1	2.888 8	外圈梁
2	3.263 5	外圈梁
3	3.669 2	外圈梁
4	3.716 4	外圈梁
5	4.593 4	外圈梁
6	4.844 3	外圈梁
7	5.458 2	柱
8	5.680 1	柱
9	5.947 9	柱
10	6.017	柱

正常情况下,结构弹性极限承载力会略小于结构屈曲临界力。表 10.2 和图 10.5 的计算结果表明:恒载作用下结构弹性极限承载力安全系数不满足现行行业标准《空间网格结构技术规程》(JGJ 7—2010)大于 4.2 的要求。

但几何非线性数值分析计算结果表明,在 2.88 倍和 4.2 倍恒载作用下的结构均未发生弹性失稳破坏。表 10.3 列出了在 1.0 倍和 2.88 倍恒载作用下第 7163 号外环梁单元最大杆端内力的计算结果。

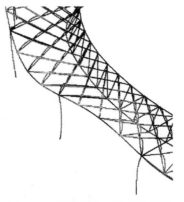

图 10.5 外环梁第 1 阶屈曲模态

表 10.3 外环梁单元在 1.0 倍和 2.88 倍恒载作用下的杆端内力

外环梁单元	1 倍恒载	2.88 倍恒载	说明
轴力 N/kN	−31 009	−30 640	轴力差别不大
$N_{2.88}/N_1$	0.99		
剪力 $V2$/kN	−6 421.2	−20 116	—
$V2_{2.88}/V2_1$	3.13		
剪力 $V3$/kN	4 526.1	7 357.3	—
$V3_{2.88}/V3_1$	1.63		
扭矩 T/(kN·m)	−434.8	−1 177.8	—
$T_{2.88}/T_1$	2.71		
弯矩 $M2$/(kN·m)	−282.24	−785.16	—
$M2_{2.88}/M2_1$	2.78		
弯矩 $M3$/(kN·m)	−19.935	−177.93	弯矩变化大,但数值
$M3_{2.88}/M3_1$	8.93		总体较小

由表 10.3 可知,由于屋盖结构布置了较多的拉索,导致结构体系具有较强非线性效应,随着恒载的增加,外环梁轴力变化很小,2.88 倍恒载下单元轴力与 1.0 倍恒载下的轴力几乎相等,只是弯矩增大了近 8 倍,但弯矩对截面应力比的贡献很小。造成这一计算结果的原因是:外环梁中的轴力绝大部分由拉索预张力贡献,在预拉力施加完毕后继续施加恒载对外环梁轴力影响很小。这样,直接套用式(2.16)进行预应力结构的屈曲分析就存在问题了,对预应力结构应将式(2.16)变更为:

$$|([K_0]+[K_{\sigma 0}])+\lambda[K_{\sigma 1}]|=0 \tag{10.1}$$

表 10.2 所列屈曲特征值是基于原几何位形、1.0 倍荷载下计算所得内力分析得到的,假定 1.0 倍荷载下杆件轴力为 N_0、弯矩为 M_0,则屈曲分析表明在 $2.88N_0$ 轴力和 $2.88M_0$ 弯矩作用下原几何位形上的外环梁将发生屈曲。由前文所述,1.0 倍恒载下的轴力主要来自拉索预张力,恒载继续增大对轴力影响很小,所以在 2.88 倍荷载下杆件轴力几乎无变化,外环梁不会屈曲。因此,针对这个实例,表 10.2 的屈曲模态和特征值的矩阵分析结果不具有实际意义和价值,其结构的实际极限承载力应进一步根据非线性计算结果进行分析。

附录 习题

1. 针对如图 A1 所示模型,完成以下工作:

(1) 建立总势能表达式。假定 $C_2 = C_3 = 0$,绘制总势能与虚位移关系曲线。

(2) 根据总势能驻值原理建立平衡方程。假定 $C_2 = C_3 = 0$,绘制荷载-位移平衡路径。

(3) 根据总势能最小原理建立稳定临界面方程。假定 $C_2 = C_3 = 0$,绘制于平衡路径曲线中。

(4) 针对 $C_2 = C_3 = 0$ 情况,对比分析总势能曲线与平衡路径曲线,验证屈曲临界点的正确性。

2. 建立如图 A2 所示具有两种初始缺陷的由梁和柱构成的平面框架模型(图中虚线所示),柱子底端和梁右端铰接。

(1) 梁、柱各分为 5 个以上梁单元,对所有节点施加平面外的位移约束仅计算平面内问题。

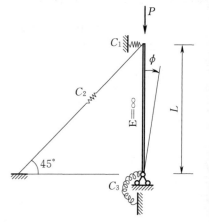

图 A1 受压刚性杆的能量原理

(2) 初始缺陷 w_0 的跨中最大值取 $L/1\,000$,初始缺陷形状可采用屈曲模态,也可采用折线形状。

(3) 梁和柱可取相同截面的圆管,L 可取 $2 \sim 5$ m,梁和柱的长细比 λ 可取 100 左右。

(4) 计算内容:

① 采用特征值分解法求解最小屈曲荷载 P_{cr};

② 荷载增量 ΔP 取 $P_{cr}/15$,求解两种框架的荷载-位移(P-w)平衡路径(有下降段的需要求解包含上升段、极限点和下降段全过程),定性分析验证结果。

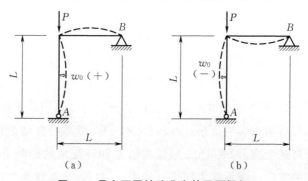

(a)   (b)

图 A2 具有不同缺陷分布的平面框架

3. 图 A3 所示为由拉压杆组成的轴心受压平面桁架柱,验证 Föppl-Papkovich 准则的正确性。

(1) 按照结构构件的基本特征,设定桁架柱的几何参数和弦杆截面面积 A_0、腹杆截面面积 A_1。各杆件截面可假定为圆管,可自钢结构型材表中采用相关截面参数。

(2) 弦杆和腹杆弯曲刚度无穷大且只能发生轴向变形,可采用杆单元模拟弦杆和腹杆的轴向变形。各杆件之间均为铰接,平面外位移约束。

(3) 假定腹杆轴向刚度 $E_1 A_1$ 无穷大(可取 E_1 为弦杆弹性模量 E_0 乘以 10^3),相当于假定桁架柱平面内剪切刚度无穷大,计算桁架柱的屈曲临界力 N_E,画出屈曲模态图。

(4) 假定弦杆轴向刚度 $E_0 A_0$ 无穷大(可取 E_0 为腹杆弹性模量 E_1 乘以 10^3),相当于设定桁架无弯曲变形且只有剪切变形和屈曲,计算平面桁架的剪切屈曲临界力 N_S,画出屈曲模态图。

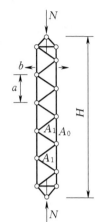

图 A3　拉压杆组成的铰接平面桁架柱

(5) 假定构件刚度正常,计算桁架柱弯曲屈曲临界力 N_{cr},画出屈曲模态图。

(6) 比较 $1/N_{cr}$ 和 $(1/N_E + 1/N_S)$,说明准则的精度。

4. 图 A4 所示为由铰接压弯梁组成的轴心受压平面桁架柱,完成以下工作:

(1) 建立平面桁架柱整体稳定-局部稳定相互作用问题的计算分析模型,每根弦杆离散为 6 个或更多的梁单元,弦杆两端铰接;腹杆采用一个铰接杆单元(只有拉压变形,无弯曲变形)。假定几何参数、弦杆截面面积 A_0、平面内弯曲惯性矩 I(平面外弯曲惯性矩可假定为 $2I$,以确保杆件仅发生面内的局部屈曲)和腹杆截面面积 A_1,各杆件截面可假定为任意截面。桁架柱下端铰接(三向位移约束、转角释放),上端作用一集中力,水平向位移约束竖向位移和各向转角释放。所有节点平面外位移约束。

(2) 试算桁架柱的前 5 阶屈曲模态,使第 1 阶模态为桁架柱的整体弯曲屈曲、第 2 阶模态为弦杆的局部弯曲屈曲,或第 1 阶模态为弦杆局部弯曲屈曲、第 2 阶模态为桁架柱的整体屈曲,并尽量使第 1 阶模态屈曲特征值和第 2 阶模态屈曲特征值较为接近。绘出第 1、第 2 阶屈曲模态并注明屈曲特征值。

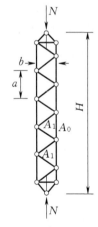

图 A4　压弯梁组成的铰接平面桁架柱

(3) 按整体屈曲模态和局部屈曲模态同时导入结构的初始缺陷分布,整体最大初始缺陷值取 $H/1\,000$,局部最大初始缺陷值取 $a/1\,000$。

(4) 计算并绘出桁架柱的荷载-位移平衡路径,检查其后屈曲平衡路径的性质,并与近似定性分析结果进行比较。

5. 计算图 A5 所示轴心受压悬臂柱的屈曲临界力和横向受集中力作用的悬臂梁的竖向

变形。构件离散为 10 个符合平截面假定的梁单元和铁木辛柯梁单元(分别假定材料剪切模量和弹性模量的关系为 $G=0.035E$、$G=0.35E$),比较两种单元和不同剪切模量下计算结果的大小,并分析原因。

6. 图 A6 所示为卷边槽钢截面和开口圆形截面,分别计算这两个截面的形心点 C 和剪力中心点 S 的位置,绘制主扇性坐标的分布。

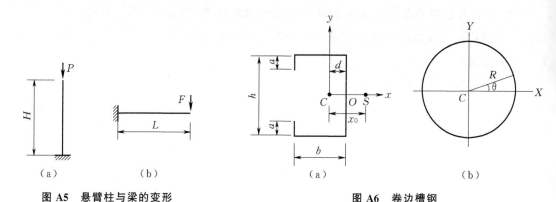

图 A5　悬臂柱与梁的变形　　　　　图 A6　卷边槽钢

7. 计算如图 A7 所示由两个梁段组成的平面杆系结构在荷载 P 作用下点 A 的竖向位移,采用线性方法计算。

(1)采用 6 自由度梁单元进行计算。

(2)采用 7 自由度可考虑翘曲扭转的梁单元计算。

(3)采用板壳单元计算。

注意:当采用梁单元时,L_1、L_2 梁段可各采用 1 个单元,即杆件可不打断。当采用板壳单元时,L_1、L_2 梁段沿纵向分别划分为 10 段和 5 段,沿截面方向每板件划分 5 个单元。

8. 对于如图 A8 所示两层有侧移平面框架结构,截面及尺寸自定,$I_{c1}=1.2I_{c2}$。

(1)采用有限元分析计算第 1 阶屈曲荷载 F_{cr} 及其对应的底层柱轴力 N_{1cr} 和二层柱轴力 N_{2cr}。

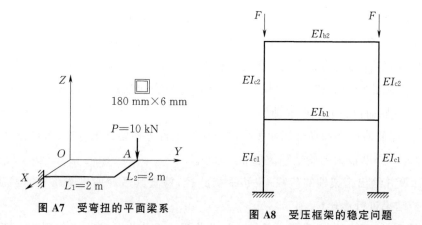

图 A7　受弯扭的平面梁系　　　　图 A8　受压框架的稳定问题

（2）根据 N_{1cr} 和 N_{2cr} 计算底层柱和二层柱的计算长度。

（3）根据现行国家标准《钢结构设计标准》（GB 50017—2017）计算底层和二层柱子的计算长度。比较有限元方法和规范方法结果，并分析原因。

9. 完成如图 A9 所示两个拱的稳定计算和分析。

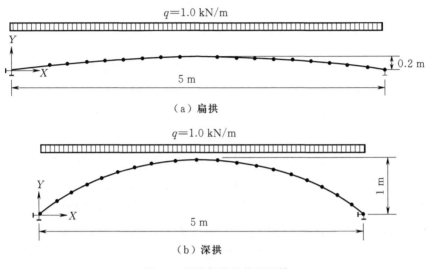

（a）扁拱

（b）深拱

图 A9 两端部铰接的平面拱

（1）进行两端铰接的平面扁拱（第 1 阶屈曲模态为正对称的跳跃型失稳）的屈曲临界力和弹性极限承载力的计算和比较，分析临界力和极限承载力误差的原因。

（2）针对两端铰接的平面深拱（第 1 阶屈曲模态为反对称失稳），进行以下计算：

① 无缺陷深拱的屈曲临界力和弹性极限承载力的计算和比较，分析临界力和极限承载力误差的原因。

② 按反对称的第 1 阶屈曲模态导入几何缺陷（最大缺陷值可取跨度 $L/600$），进行带缺陷深拱的屈曲临界力和弹性极限承载力的计算和比较，比较分析临界力和极限承载力，以及无缺陷和有缺陷极限承载力的误差。

要求：拱可离散为 10 个或 10 个以上的单元。绘出前 3 阶屈曲模态，绘出荷载-位移平衡路径，以及极限破坏时拱的几何位形。可以仅计算荷载-位移平衡路径的上升段，也可计算全过程。

参 考 文 献

[1] 老亮. 材料力学史漫话：从胡克定律的优先权讲起[M]. 北京：高等教育出版社，1993.

[2] KOLLAR L. Structural stability in engineering practices[M]. London：E&FN Spon，1999.

[3] TIMOSHENKO S，GERE J M. Theory of elastic stability[M]. NewYork：McGraw-Hill，1936.

[4] 吕烈武,沈世钊,沈祖炎,等. 钢结构构件稳定理论[M]. 北京：中国建筑工业出版社,1983.

[5] 陈骥. 钢结构稳定：理论与设计 [M]. 北京：中国电力出版社,2010.

[6] 童根树. 钢结构的平面内稳定[M]. 北京：中国建筑工业出版社,2005.

[7] 童根树. 钢结构的平面外稳定[M]. 北京：中国建筑工业出版社,2013.

[8] 叶金铎,李林安. 有限单元法及工程应用[M]. 北京：清华大学出版社,2012.

[9] BATHE K J. Finite element procedures [M]. New Jersey：Prentice Hall，1996.

[10] 凌道盛，徐兴. 非线性有限元及其程序[M]. 杭州：浙江大学出版社，2004.

[11] 监凯维奇 O C. 有限元法[M]. 尹泽勇，江伯南，译. 北京：科学出版社，1985.

[12] 库克 L D,马尔库斯 D S,普利沙 M E,等. 有限元分析的概念与应用[M]. 4 版. 西安：西安交通大学出版社，2007.

[13] 朱伯芳. 有限单元法原理与应用[M]. 北京：中国水利水电出版社，2018.

[14] 王勖成. 有限元法[M]. 北京：清华大学出版社，2009.

[15] 刘正兴，孙雁，王国庆. 计算固体力学[M]. 上海：上海交通大学出版社，2000.

[16] 殷有泉. 固体力学非线性有限元引论[M]. 北京：清华大学出版社，1987.

[17] CRISFIELD M A. A fast incremental/iterative solution procedure that handles"snap-through"[J]. Computers & Structures，1981，13(1-3)：55-62.

[18] CRISFIELD M A. An arc-length method including line searches and accelerations [J]. International Journal for Numericalv Methods in Engineering，1983，19(8)：1269-1289.

[19] RAMM E. Strategies for tracing the nonlinear response near limit points，Nonlinear finite element analysis in structural mechanics [M]. New York：Spfinger-Verlag，1981.